Naoufel Ben Hamadi

Cycloaddition [3+2] sur divers 1H-pyrrole-2,5-diones

Naoufel Ben Hamadi

Cycloaddition [3+2] sur divers 1H-pyrrole-2,5-diones

Synthèse de cyclopropanes

Presses Académiques Francophones

Impressum / Mentions légales
Bibliografische Information der Deutschen Nationalbibliothek: Die Deutsche Nationalbibliothek verzeichnet diese Publikation in der Deutschen Nationalbibliografie; detaillierte bibliografische Daten sind im Internet über http://dnb.d-nb.de abrufbar.
Alle in diesem Buch genannten Marken und Produktnamen unterliegen warenzeichen-, marken- oder patentrechtlichem Schutz bzw. sind Warenzeichen oder eingetragene Warenzeichen der jeweiligen Inhaber. Die Wiedergabe von Marken, Produktnamen, Gebrauchsnamen, Handelsnamen, Warenbezeichnungen u.s.w. in diesem Werk berechtigt auch ohne besondere Kennzeichnung nicht zu der Annahme, dass solche Namen im Sinne der Warenzeichen- und Markenschutzgesetzgebung als frei zu betrachten wären und daher von jedermann benutzt werden dürften.

Information bibliographique publiée par la Deutsche Nationalbibliothek: La Deutsche Nationalbibliothek inscrit cette publication à la Deutsche Nationalbibliografie; des données bibliographiques détaillées sont disponibles sur internet à l'adresse http://dnb.d-nb.de.
Toutes marques et noms de produits mentionnés dans ce livre demeurent sous la protection des marques, des marques déposées et des brevets, et sont des marques ou des marques déposées de leurs détenteurs respectifs. L'utilisation des marques, noms de produits, noms communs, noms commerciaux, descriptions de produits, etc, même sans qu'ils soient mentionnés de façon particulière dans ce livre ne signifie en aucune façon que ces noms peuvent être utilisés sans restriction à l'égard de la législation pour la protection des marques et des marques déposées et pourraient donc être utilisés par quiconque.

Coverbild / Photo de couverture: www.ingimage.com

Verlag / Editeur:
Presses Académiques Francophones
ist ein Imprint der / est une marque déposée de
OmniScriptum GmbH & Co. KG
Heinrich-Böcking-Str. 6-8, 66121 Saarbrücken, Deutschland / Allemagne
Email: info@presses-academiques.com

Herstellung: siehe letzte Seite /
Impression: voir la dernière page
ISBN: 978-3-8416-3342-2

Copyright / Droit d'auteur © 2015 OmniScriptum GmbH & Co. KG
Alle Rechte vorbehalten. / Tous droits réservés. Saarbrücken 2015

Cycloaddition [3+2] *sur divers 1-H-pyrrole-2,5-diones*

Auteur : Naoufel Ben Hamadi

Al Imam Mohammad Ibn Saud Islamic University (IMSIU), College of Sciences, Department of Chemistry, 11623 Riyadh, Saudi Arabia

Sommaire

Introduction...	4
II. Généralités et rappels bibliographiques...	7
II.1. Synthèse et évolution des Δ^1-pyrazolines et des Δ^2-pyrazolines............	7
II.2. Les dipôles-1,3...	8
II.3. Mécanisme...	11
II.4. Régiosélectivité..	11
II.4.1. Régiosélectivité de la cycloaddition 1,3-dipolaire des diazoalcanes aux oléfines..	14
II.5. Stéréospécificité...	14

CHAPITRE I

SYNTHÈSE DES DIPOLAROPHILES ET DES DIPÔLES

I. Introduction...	20
II. Synthèse des dipolarophiles..	21
II.1. Synthèse des N-aryl-1H-pyrrole-2,5-diones et des N-aryl-3-méthyl-1H-pyrrole-2,5-diones **4**	21
II.2. Synthèse des (Z)-N-phénylcarbamoylacrylates d'alkyle **5**................	21
II.3. Synthèse des (E)-arylidène-N-arylpyrrolidine-2,5-diones **7** et des (E)-arylidène-N-aryl-4-méthyl pyrrolidine-2,5-diones **7'**............................	22
II.4. Synthèse des (E)-3-arylidènepyrrolidin-2-ones **8**.............................	23
II.5. Synthèse des (E)-N-benzyl-3-arylidènepyrrolidin-2-ones **9**.............	24
III. Synthèse des dipôles...	25
III.1. Préparation des diazoalcanes...	25
III.1.1. Synthèse du 2-diazopropane **11**	25
III.1.2 Synthèse du diphényldiazométhane **12**..	26
IV. Conclusion...	27

CHAPITRE II

SYNTHÈSE DE Δ^1-PYRAZOLINES, Δ^2-PYRAZOLINES ET PYRAZOLÉNINES. SYNTHÈSE PHOTOCHIMIE DE CYCLOPROPANES ET CYCLOPROPÈNES.

I. Introduction…………………………………………………………	29
II. Cycloaddition du 2-diazopropane sur les dipolarophiles…………………..	31
II.1. Réaction effectuée avec les (Z)-N-phénylcarbamoylacrylates d'alkyle 5	31
II.1.2. Etude de la régiochimie des composés……………………………….	31
II.2. Réaction effectuée avec les N-aryl-1H-pyrrole-2,5-diones et les N-aryl-3-méthyl-1H-pyrrole-2,5-diones 4…………………………..	32
II.2.1. Etude de la régiochimie des composés 17(d-f)………………………	33
II.3. Réaction effectuée avec les (E)-3-arylidène-N-arylpyrrolidine-2,5-diones 7 et les (E)-3- arylidène-N-aryl-4-méthylpyrrolidine-2,5-diones 7'…………..	33
II.3.1. Etude de la régiochimie………………………………………………..	34
II.3.2. Etude de la stéréochimie des composés 18(e-h)………………………..	36
II.4. Réaction effectuée avec les (E)-3-arylidènepyrrolidin-2-ones 8 et les (E)-3-arylidène-N-benzylpyrrolidin-2-ones 9…………………………………...	37
II.4.1. Etude de la régiochimie…………………………………….	38
III. Evolution des adduits obtenus……………………………………..	39
III.1. Rappels bibliographiques………………………………………….	39
III.2. Synthèse de cyclopropènes 21a et 21b …………………………..	41
III.3. Synthèse des cyclopropanes 22(a-f)……………………………..	42
III.4. Synthèse de spiro-cyclopropanes 23(a-d)………………………….	43
IV. Cycloaddition du diphényldiazométhane sur les 1H-pyrrole-2,5-diones N-substitués……………………………………………………………...	43
V. Synthèse des cyclopropanes gem-diphénylés 26(a-d)……………………..	45
VI. Synthèse des analogues 28(a-f) de l'acide cyclopropane-1-carboxylique..	46
VII. Conclusion………………………………………………..	47
Conclusion………………………………………………………..	48

INTRODUCTION

Les réactions de cycloaddition occupent une place importante dans le domaine des réactions péricycliques et constituent l'une des voies les plus intéressantes pour la création stéréocontrolée de liaisons carbone-carbone ou carbone-hétéroatome.[1]

Les réactions de cycloaddition 1,3-dipolaires avec les oléfines représentent une méthode de choix pour la synthèse d'hétérocycles pentagonaux. Le regain de développement de ces réactions est dû à l'apport qu'elles ont eu pour résoudre de nombreux problèmes rencontrés au cours de synthèse totales de produits naturels complexes.[2,3]

La cycloaddition de type [3+2] est par conséquent, un outil remarquable pour accéder aux systèmes hétérocycliques avec une haute régio et stéréosélectivité.[4,5,6] Son exploitation très répandues parmi les chimistes, sont également encouragées par les conditions opératoires souvent très douces. Rappelons que le concept de cycloaddition 1,3-dipolaire a été introduit dès 1960 par **Huisgen**.[7,8,9,10,11,12] Depuis, l'addition d'un dipôle-1,3 à un dipolarophile est une réaction d'une portée considérable dans la synthèse d'hétérocycles à cinq chaînons.[13,14]

Depuis quelques années, notre laboratoire s'intéresse à la synthèse de composés hétérocyclique et à leurs produits d'évolution.[13,14,15,16,17,18]

Les dipoles-1,3 les plus étudiés dans notre laboratoire sont les diazoalcanes:

---

[1] J. Díaz, M. A Silva, J. M. Goodman, S. C. Pellegrinet, *Tetrahedron*, **2005**, *61*, 10886.
[2] J. J. Tufariello, S. A. Ali, *J. Am. Chem. Soc.*, **1979**, *101*, 7114.
[3] J. Muzler, Nachr. *Chem. Tech. Lab.*, **1984**, *32*, 961.
[4] D. A. Singleton, J. P. Martínez, *J. Am. Chem. Soc.*, **1990**, *112*, 7423.
[5] D. A. Singleton, J. P. Martínez, *Tetrahedron Lett.*, **1991**, *32*, 7365.
[6] M. Zaidlewicz, J. R. Binkul, W. Sokol, *J. Organomet. Chem.*, **1999**, *580*, 354.
[7] R. Huisgen, *J. Org Chem.*, **1968**, *33*, 2291.
[8] R. Huisgen, *Bull. Soc. Fr.*, **1965**, 3431.
[9] R. Huisgen, *Angew. Chem. Int. Ed.*, **1965**, 561.
[10] R. Huisgen. In *1,3-dipolar Cycloaddition Chemistry*. Padwa, A. Ed., Wiley: New York, **1984**, Vol 1, p 1.
[11] R. Huisgen, R. Sustmann, G. Walbilich, V. Veberndorfer, J. S. Clovis, A. Eckell, *Chem. Ber.*, **1967**, *100*, 2192.
[12] R. Huisgen, H. Knupfer, R. Sustman, G. Walbilich, V. Veberndorfer, *Chem. Ber.*, **1967**, *100*, 1580.
[13] F. Djapa, M. Msaddek, K. Ciamala, J. Vebrel, C. Riche, *Eur. J. Org. Chem.*, **2000**, 1271.
[14] M. Msaddek, M. Rammah, K. Ciamala, J. Vebrel, B. Laude, *Synthesis*, **1997**, *12*, 1495.
[15] J. Lachheb, *Thèse de Doctorat*, Faculté des Sciences de Monastir, **2003**.
[16] M. Benltifa, *Thèse de Doctorat*, Faculté des Sciences de Monastir et Université Claude Bernard, **2006**.
[17] K. Aouadi, *Thèse de Doctorat*, Faculté des Sciences de Monastir et Université Claude Bernard, **2006**.
[18] Y. Ben Dhia, *Thèse de Doctorat*, Faculté des Sciences de Monastir, **2006**.

$$\underset{R}{\overset{R'}{\diagdown}}C\overset{\ominus}{\underset{}{}}-N\overset{\oplus}{\equiv}N$$

DIAZOALCANES

C'est dans ce cadre, et notamment en ce qui concerne la chimiosélectivité, la régiosélectivité et la stéréosélectivité de ces réactions, que notre équipe s'est intéressée à l'étude de diverses réactions de cycloaddition de type [3+2] des dipolarophiles pour mettre au point des méthodes d'accès à des structures hétérocycliques pentagonales, tels que les Δ^1-pyrazolines,[15,18] les Δ^2-pyrazolines,[15,18] les spiropyrazolines,[15,19] les 2H-pyridazin-3-ones,[20] ect...

Les cyclopropanes et les cyclopropènes obtenus présentent également un grand intérêt.

Le principal intérêt des petits cycles est lié à la diversité des composés accessibles à partir de ce motif. Ces composés cyclopropaniques et cyclopropéniques ainsi que des produits analogues, tel que l'aristolone **4** et le phorbole **5**,[21] ont des applications agronomiques et pharmacologiques diverses (Schéma 3).[21,22,23,24] Certains de ces composés sont de première importance en chimie organique par leurs activités biologiques diversifiées.[25]

---

[19] N. Louhichi, Mastère, Faculté des Sciences de Monastir, **2007**.
[20] M. Msaddek, *Thèse de Doctorat d'état*, Faculté des Sciences de Monastir, **1997**.
[21] L. Lajide, P. Escoubas, J. Mizutani, *J. Agric. Food. Chem.*, **1993**, *41*, 669.
[22] M. D. Bazzi, G. L. Nelsestuen, *Biochemistry*, **1989**, *28*, 9317.
[23] G. Bose, K. Bracht, P. Bednarski, M. Lalk, P. Langere, *Bioorgan. Med. Chem.*, **2006**, *14*, 4694.
[24] S. Ye, S. Yoshida, R. Fröhlich, G. Haufe, K. Kirka, *Bioorgan. Med. Chem.*, **2005**, *13*, 2489.
[25] V. Dourtoglou E. Koussissi, *Phytochemistry*, **2000**, *55*, 203.

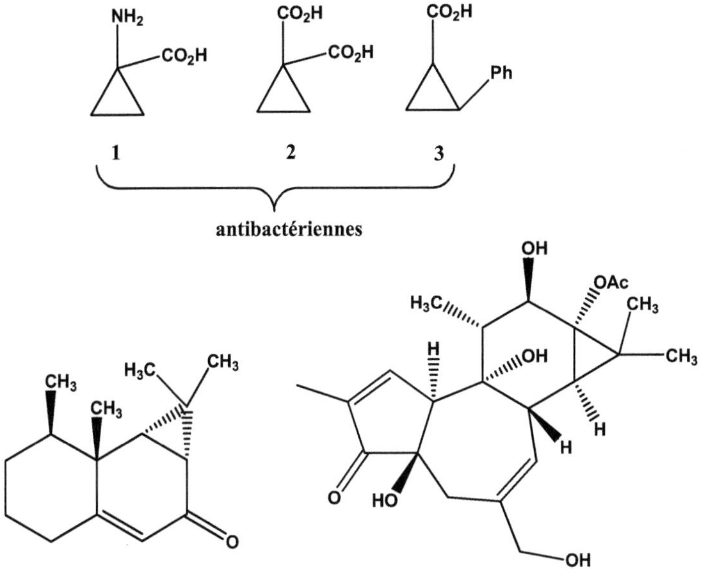

4: insecticides

5: antitumoraux

Schéma 3: Exemples de cyclopropanes présentant des activités

II. Généralités et rappels bibliographiques

II.1. Synthèse et évolution des Δ^1-pyrazolines et des Δ^2-pyrazolines

Les composés diazoïques aliphatiques continuent à être utilisés pour les cycloadditions 1,3-dipolaires.[26,27] Pendant les deux dernières décennies, beaucoup d'applications de nouveaux composés diazoïques comme les dipôles-1,3 ont été décrites notamment pour donner des pyrazoles et des pyrazolines. M. **Franck-Newmann** et C. **Dietrich-Buchecker** ont mis au point une méthode générale de synthèses de *gem*-diméthyl-cyclopropanes et de *gem*-diméthyl-cyclopropènes passant par l'intermédiaire de vinylcarbènes (Schéma 4).[28,29] Des produits apparentés à ces derniers composés présentent des propriétés pharmacologiques potentielles.[30,31] Selon les substituants, certains de ces cycloadduits sont assez stables pour êtres isolés, mais d'autres subissent une tautomérisation rapide pour donner des Δ^2-

---

[26] E. Buchner, *Ber. Dtsch. Chem. Ges.*, **1890**, *23*, 701.
[27] M. Regitz, *Synthesis*, **1972**, 351.
[28] M. Franck-Newmann, *Angew. Chem.*, **1968**, *80*, 42.
[29] M. Franck-Newmann, *Angew. Chem. Int. Ed. Engl.*, **1968**, *7*, 65.
[30] J. H. Rigby; P.Ch. Kierkus, *J. Am. Chem. Soc.*, **1989**, *111*, 4125.
[31] Y. F. Zhu; T. Yamazaki; J. W. Tsang; S. Lok; M. Goodman, *J. Org. Chem.*, **1992**, *57*, 1074.

pyrazolines[32] ou se transforment en pyrazoles par réaction d'élimination-1,2. Intéressantes en elle-même, ces structures sont aussi des précurseurs de choix vers des cycles tendus, les Δ^1-pyrazolines donnant par photolyse des cyclopropanes. Les pyrazolénines, les cyclopropanes et les cyclopropènes représentent des motifs activés à l'origine de bio-activités très diverses.[33]

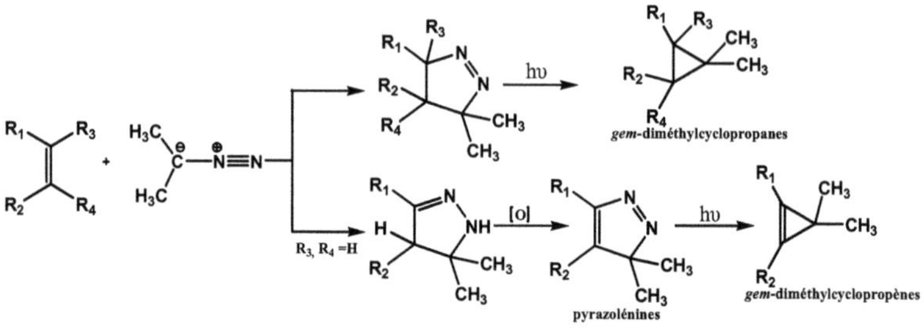

Schéma 4: Synthèse et évolution de cycles pyrazoliniques

Parmi ces isomères, les 2-isoxazolines sont les composés les plus communs, les plus variées et les plus faciles à préparer.[34] Les isoxazoles sont leurs analogues complètement insaturés.

II.2. Les dipôles-1,3

Les dipôles-1,3 sont définis par **Huisgen**[35] comme des composés *a-b-c*, représentés par des structures zwitterioniques,[36,37] c'est-à-dire des espèces chargées mais globalement neutres, pouvant participer à des réactions de cycloaddition avec des systèmes à liaisons multiples tels que les dipolarophiles qui ont donc une certaine affinité pour le dipôle[10] (Schéma 6).

---

[32] F. D. Popp, A. Catala, *J. Org. Chem.*, **1961**, *26*, 2738.
[33] E. Coutouli-Argyropoulou, P. Pilanidou, *Tetrahedron Lett.*, **2003**, *44*, 3755.
[34] P. Caramella, P. Crunanger, In 1,3-dipolar Cycloaddition Chemistry. Padwa, A. Ed., Wiley: New York, **1984**, Vol 1, p 177.
[35] R. Huisgen, M. Seidel, G. Wallbllichet, H. Knupfer, *Tetrahedron Lett.*, **1962**, *17*, 2.
[36] A. Padwa. In Comprehensive Organic Synthesis; Trost, B. M., Flemming, I., Eds.; Pergamon Press: Oxford, **1991**; Vol. 4, p 1069.
[37] A. P. Wade, In Comprehensive Organic Synthesis; Trost, B. M., Flemming, I., Eds.; Pergamon Press: Oxford, **1991**; Vol. 4, p 1111.

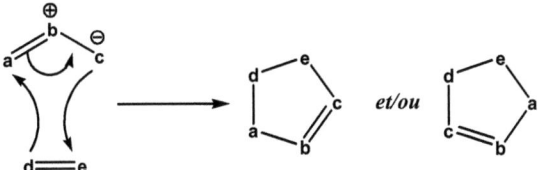

Schéma 6: Cycloaddition 1,3-dipolaire : principe général

Une caractéristique commune à tous les dipôles-1,3 est la présence de quatre électrons répartis dans trois orbitales atomiques π parallèles,[38] constituant un système orbitalaire π de type anion allylique. Les dipôles-1,3 peuvent posséder une orbitale π supplémentaire. Celle-ci se trouve alors dans le plan perpendiculaire à l'orbitale moléculaire de type anion allylique et n'est donc pas impliquée dans la réactivité du dipôle. Selon la présence ou non de cette orbitale, ces espèces peuvent être classées en deux catégories distinctes: dipôles-1,3 de type allylique et dipôles-1,3 de type propargylique. En règle générale, la présence de cette orbitale π supplémentaire impose une géométrie linéaire aux dipôles-1,3 de type propargylique. Les dipôles-1,3 de type allylique sont, eux, courbés. Plusieurs structures de résonance existent pour chaque catégorie (Schéma 7).[8]

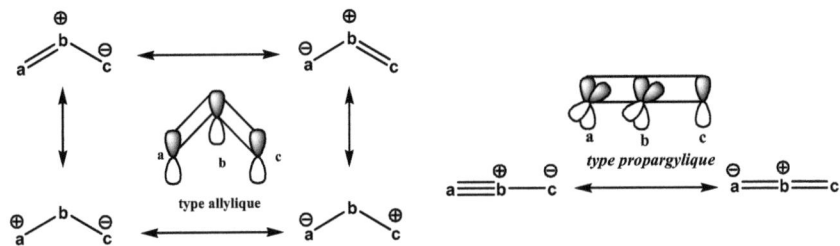

Schéma 7: Dipôles-1,3 et leurs structures de résonance

L'utilisation des dipôles-1,3 en chimie organique s'est généralisée suite aux études systématiques réalisées par **Huisgen**,[39,40] et au développement par **Woodward et Hoffmann** du concept de conservation de la symétrie orbitalaire.[41] Les travaux de **Hook** ont, par la suite, largement amélioré les capacités de prédiction des réactivités et sélectivités relatives dans les

---

[38] R. Huisgen, *Angew. Chem. Internat. Ed.*, **1963**, *2*, 565.
[39] R. Huisgen, *Angew. Chem.*, **1963**, *75*, 604.
[40] R. Huisgen. *Proc. Chem. Soc.*, **1961**, 357.
[41] R. B. Woodward, R. Hoffmann, *The Conservation of Orbital Symmetry*, Verlag Chemie: Weinheim, **1970**.

réactions de cycloaddition 1,3-dipolaire,[42,43,44] fournissant une base solide à cette chimie. Il existe un grand nombre de dipôles (Tableau I).[45]

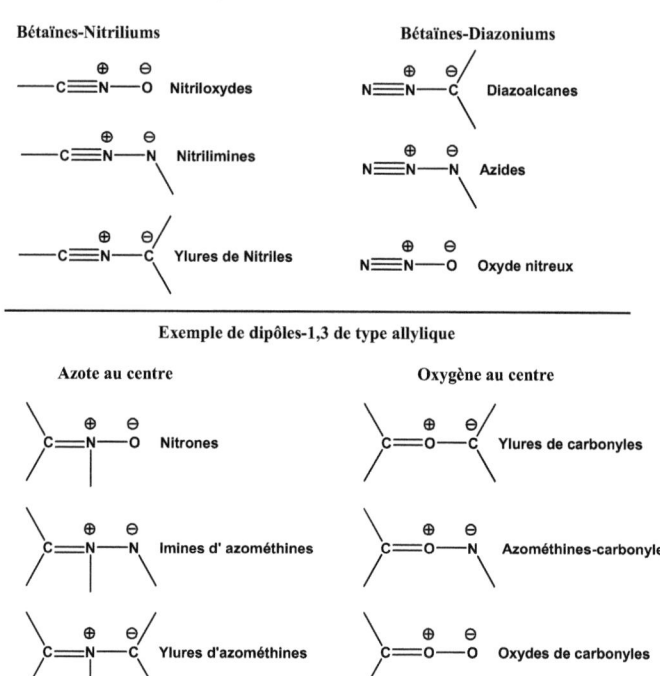

---

[42] K. N. Hook, K. Yamagushi, *1,3-Dipolar Cycloaddition Chemistry*; A. Padwa, Ed.; Wiley: New York, **1984**, *2*, 407.
[43] K. N. Hook, J. Sims, C. R. Watts, L. J. Luskus, *J. Am. Chem. Soc.*, **1973**, *95*, 7301.
[44] K. N. Hook, J. Sims, R. E. Duke, R. W. Strozier, J. K. George, *J. Am. Chem. Soc.*, **1973**, *95*, 7287.
[45] G, B, K, Torssell. Nitrile oxides, Nitrones and Nitronates in Organic Synthesis, VCH. **1988**.

II.3. Mécanisme

En 1963, **Huisgen**[7,46] a proposé un mécanisme concerté qui diffère de l'interprétation radicalaire de **Firestone**,[47,48,49,50] mais qui semble être bien établi actuellement (Schéma 8).

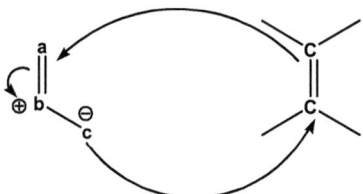

Schéma 8: Cycloadditions 1,3-dipolaires: Mécanisme

Ces cycloadditions sont considérées, selon **Woodward-Hoffmann**,[51,52,53] comme des réactions concertées en une seule étape du type ($\pi_{4s}+\pi_{2s}$) à symétrie permise. Les deux nouvelles liaisons σ_{C-a} et σ_{C-c} entre le dipôle et la double liaison oléfinique se forment simultanément. La stéréospécificité cis[54,55] de ces réactions de cycloaddition est la conséquence de ce mécanisme concerté.[56,57]

II.4. Régiosélectivité

Dans ce type de réaction, il est admis que le dipôle et le dipolarophile s'approchent selon deux plans sensiblement parallèles. Dans cette hypothèse, la théorie des orbitales frontières permet d'intégrer et de rationaliser les problèmes de réactivité et de régiosélectivité.

---

[46] R. Huisgen, *Angew. Chem., Int. Ed. Engl.*, **1963**, *2*, 633.
[47] R. A. Firestone, *J. Org. Chem.*, **1968**, *33*, 2285.
[48] R. A. Firestone, *J. Am. Chem. Soc.*, **1970**, 1570.
[49] R. A. Firestone, *J. Org. Chem.*, **1972**, *37*, 2181.
[50] R. A. Firestone, *Tetrahedron*, **1977**, *33*, 2291.
[51] R. B. Woodward, R. Hoffman, *Angew. Chem. Int. Ed. Engl.*, **1969**, *8*, 781.
[52] R. B. Woodward, R. Hoffman, "*The Conservation of Orbital Symmetry*", Verlag Chemie: Weinheim **1970**.
[53] R. B. Woodward, R. Hoffman, *J. Am. Chem. Soc.*, **1965**, *87*, 395.
[54] R. Huisgen, *J. Org. Chem.*, **1976**, *41*, 403.
[55] R. Huisgen, *Angew. Chem.*, **1983**, *75*, 741.
[56] R. Huisgen, R. Schung, *J. Am. Chem. Soc.*, **1976**, *98*, 7819.
[57] R. Huisgen, *Pure Appl. Chem.*, **1980**, *52*, 2283.

Lorsque les deux réactifs s'approchent l'un de l'autre, leurs orbitales frontières interagissent, on peut alors selon **Sustmann** distinguer trois cas différents pour les énergies relatives des orbitales moléculaires frontières (Schéma 9).[58,59,60,61]

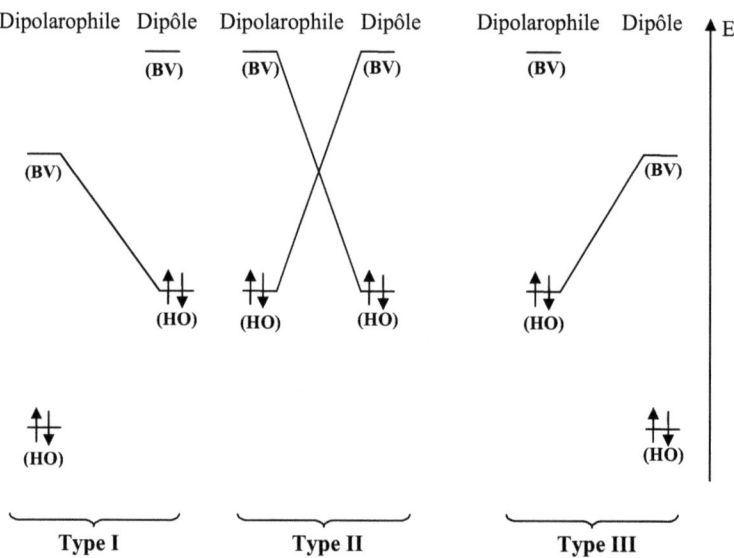

Schéma 9: *Types d'interaction d'orbitales moléculaires*

Type I: La réaction de cycloaddition est contrôlée par l'interaction:

$$\text{HOMO}_{\text{Dipôle}} - \text{LUMO}_{\text{dipolarophile}}$$

Type II: Les deux interactions sont d'ampleurs comparables:

$$\text{HOMO}_{\text{Dipôle}} - \text{LUMO}_{\text{dipolarophile}} \text{ et } \text{LUMO}_{\text{Dipôle}} - \text{HOMO}_{\text{dipolarophile}}$$

Type III: La réaction de cycloaddition est contrôlée par l'interaction:

$$\text{LUMO}_{\text{Dipôle}} - \text{HOMO}_{\text{dipolarophile}}$$

---

[58] R. Sustmann, *Tetrahedron Lett.*, **1971**, 2717.
[59] R. Sustmann, *Pure Appl. Chem.*, **1974**, *40*, 569.
[60] R. Sustmann, H. Trill, *Angew. Chem. Int. Ed. Engl.*, **1972**, *11*, 838.
[61] R. Sustmann, H. Trill, *Angew. Chem.*, **1972**, *84*, 887.

Suivant la théorie des perturbations du deuxième ordre, les interactions stabilisantes de paires d'orbitales frontières interviennent dans les états de transitions de toutes les cycloadditons 1,3-dipolaires. Ces interactions sont inversement proportionnelle à l'énergie de séparation entre les orbitales impliquées pour cette séparation (ΔE). Mais l'interaction dominante dépend, dans chaque cas de la nature du dipôle et du dipolarophile.[62,63] Ces interprétations ont été approfondies par **Sustmann** qui a classé les dipôles-1,3 en trois catégories selon leur caractère nucléophile, électrophile ou ambiphile vis-à-vis des dipolarophiles.

En général, si le dipolarophile est substitué par un groupe électroattracteur (EWG), alors on a réaction entre la HOMO du dipôle et la LUMO du dipolarophile. En revanche, si le dipolarophile est substitué par un groupe électrodonneur (ERG), alors on a réaction entre la HOMO du dipolarophile et la LUMO du dipôle.[64,65] Pour plusieurs cycloadditions du type [3+2], il n'est pas facile de prévoir, si les groupes des dipôles-1,3 sont donneurs ou accepteurs dans ces conversions contrôlées par les HOMO/LUMO.[66] Toutefois, cette théorie présente des faiblesses puisqu'elle ne tient pas compte des interactions stériques qui jouent dans certains cas un rôle prépondérant.[67,68,69]

Dès lors, cette interprétation théorique a été affinée et améliorée par **Sustmann**[70] qui, dans sa méthode de variation-perturbation, prend en compte ces contraintes stériques. Ainsi la régiosélectivité de la réaction est contrôlée à la fois par des facteurs électroniques et stériques.[71,72,73,74]

---

[62] A. Rastelli, R. Gandolfi, M. S. Amadè, *Adv. Quantum Chem.*, **1999**, *36*, 151.
[63] H. Pellissier, *Tetrahedron*, **2007**, *63*, 3235.
[64] R. D. Little, in *Comprehensive Organic Synthesis*, B. M. Trost, I. Fleming, L. A. Paquette., Eds., Vol. 5, Pergamen Press, Oxford **1991**, 239.
[65] M. Cinquini, F. Lozzi, in *Methods of Organic Chemistry* (Houben-weyly), G. Helmchen, R. W. Hoffmann, J. Mulzer, E. Schaumann, Eds., Vol. 21c, Thieme, Stuttgart, **1996**, 2954.
[66] R. Sustmann, *Pure Appl. Chem.*, **1974**, *40*, 569.
[67] P. Caramella, D. Reami, M. Falzoni, P. Quadrelli, *Tetrahedron*, **1999**, *55*, 7027.
[68] J. Martelli, F. Tonnard, R. Carrie, R. Sustmann, *Nouv. J. Chem.*, **1987**, *2*, 609.
[69] J. Martelli, *Thèse de Doctorat*, Rennes, **1976**.
[70] R. Sustmann, A. Ansmann, F. Vahrentholt, *J. Am. Chem. Soc.*, **1972**, *94*, 8099.
[71] K. N. Hook, *Top. Curr. Chem.*, **1979**, *79*, 1.
[72] S. Kobayashi, K. A. Jorgensen, in *Cycloaddition Reactions in organic synthesis*, Eds,; Wiley: Weinheim, **2002**.
[73] A. Kamimura, K. Hori, *Tetrahedron*, **1994**, *50*, 7969.
[74] M. A. Weidner-Wells, S. A. Fraga-Spana, J. Turchi, *J. Org. Chem.*, **1998**, *63*, 6319.

II.4.1. Régiosélectivité de la cycloaddition 1,3-dipolaire des diazoalcanes aux oléfines

Les réactions des composés diazoïques avec les différents types des liaisons C=C ont permis souvent la formation d'un des deux cycloadduits régioisomèrique. Comme exemple typique, les dipolarophiles éthyléniques terminaux réagissent avec le diazométhane pour former préférentiellement la Δ^1-pyrazoline 3-substituée, indépendamment de la nature électronique du substituant (Schéma 10).[75,76]

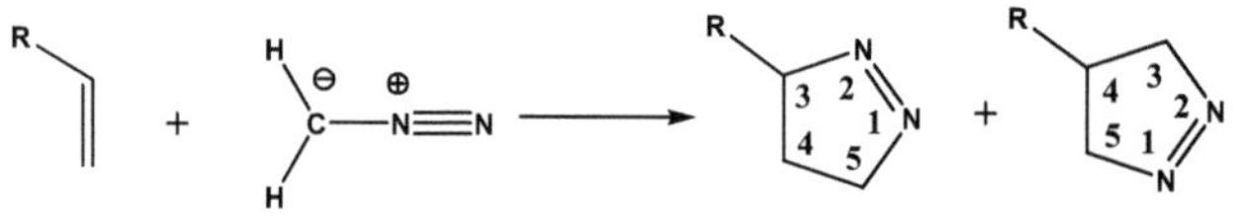

Schéma 10: *Régiosélectivité observée dans les réactions de cycloaddition du diazométhane avec des oléfines monosustituées*

Les réactions de diazoalcanes entrent dans la première catégorie et l'interaction dominante des orbitales moléculaires frontières a lieu entre la HOMO du dipôle et la LUMO du dipolarophile. Basé sur la théorie de perturbation du second ordre, les résultats peuvent être rationalisés en fonction de l'importance des coefficients orbitalaires des orbitales moléculaires frontières des réactifs.[77] Par exemple, la réaction entre le diazométhane et le vinylphénylsulfone, a abouti à la formation exclusive de la Δ^1-pyrazoline 3-substituée (Schéma 11).

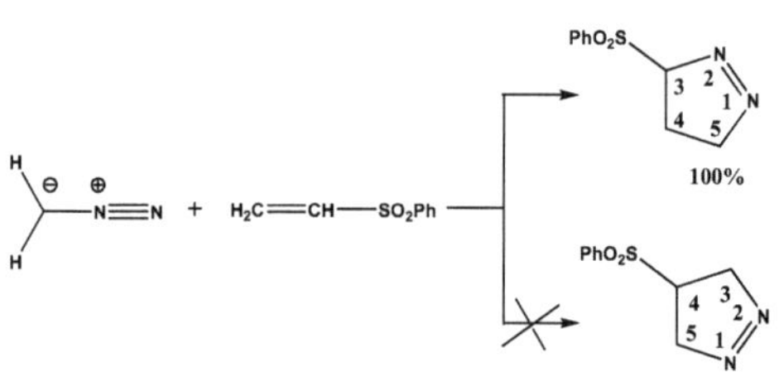

Schéma 11: *Régiosélectivité de la réaction du diazométhane avec le vinylphénylsulfone*

---

[75] J. Schmidt-Burnier, W. Jorgensen, *J. Org. Chem.*, **1983**, *48*, 3923.
[76] W. W. Schoeller, *J. Chem. Soc. Chem. Comm.*, **1985**, 334.
[77] M. Regitz, H. Heydt, in *1,3-Dipolar Cycloaddition Chemistry*; A. Padwa, Ed.; John Wiley et Sons: New York, **1984**, 1, 393.

Selon Fukuï,[78,79,80] la régiochimie de l'approche dipôle - dipolarophile doit être guidée par un recouvrement maximum HOMO-LUMO; en d'autre termes une combinaison des coefficients sur les atomes terminaux (Grand × Grand) + (Petit × Petit) est plus favorable que (Grand × Petit) + (Petit × Grand).

Les coefficients des orbitales frontières, calculées au niveau CNDO/2,[81] sont donnés dans le Schéma 12.

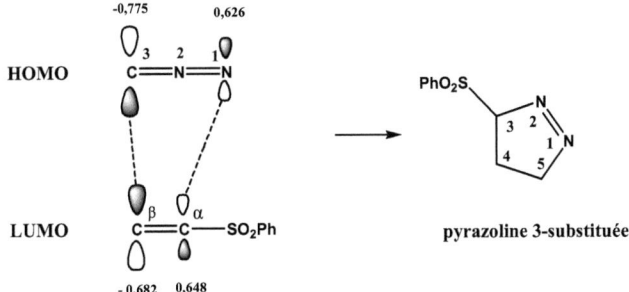

Schéma 12: Coefficients des orbitales frontières: HOMO (diazométhane) et LUMO (vinylphénylsulfone)

On remarque que les interactions les plus favorisées sont entre le carbone C_3 du dipôle avec le carbone C_β du dipolarophile et entre l'azote N_1 du dipôle et le carbone C_α du dipolarophile. Ces interactions montrent que la formation de la Δ^1-pyrazoline 3-substituée est plus favorisée par rapport à la Δ^1-pyrazoline 4-substituée.

II.5. Stéréospécificité

De la même manière que la réaction de **Diels-Alders**, la réaction de cycloaddition 1,3-dipolaire est une addition concertée, suprafaciale, *supra-supra* permise thermiquement. La géométrie de la double liaison des dipolarophiles détermine la stéréochimie relative dans le cycloadduit. Ainsi les alcènes *trans* ou (*E*) donnent des isomères *anti*; par contre les alcènes *cis* ou (*Z*) donnent des isomères *syn*.

---

[78] K. Fukuï, *Bull. Chem. Soc. Jap.*, **1966**, *39*, 498.
[79] K. Fukuï, *Top. Curr. Chem.*, **1970**, *40*, 569.
[80] K. Fukuï, *Acc. Chem. Res.*, **1971**, *4*, 57.
[81] P. G. De Benedetti, C. De Micheli, R. Gandolfi, P. Gariboldi, A. Rastelli, *J. Org. Chem.*, **1980**, *45*, 3646.

L'équivalence des deux faces du dipolarophile conduirait ainsi à un mélange racémique d'une paire d'énantiomères (Schéma 13).

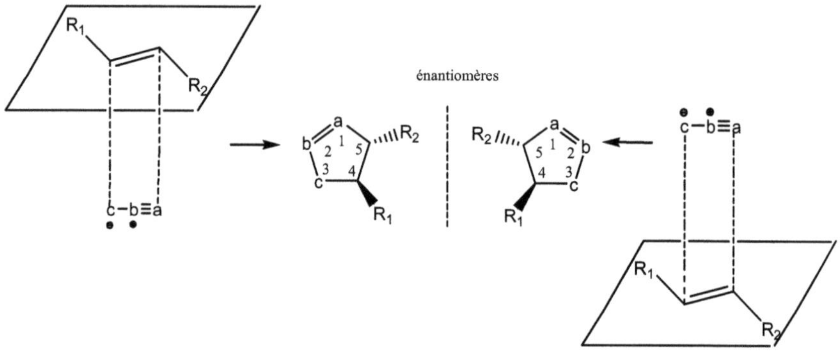

Schéma 13: Formation d'une paire d'énantiomères

Lorsque les deux faces du dipolarophile sont diastéréotopiques, le problème de diastéréosélectivité se présente. En effet, le dipôle peut s'approcher du dipolarophile, en générale cyclique, selon une approche *syn* ou *anti* par rapport au groupement "**R**" pour donner naissance aux deux diastéréoisomères éventuels **1** et **2** (Schéma 14).

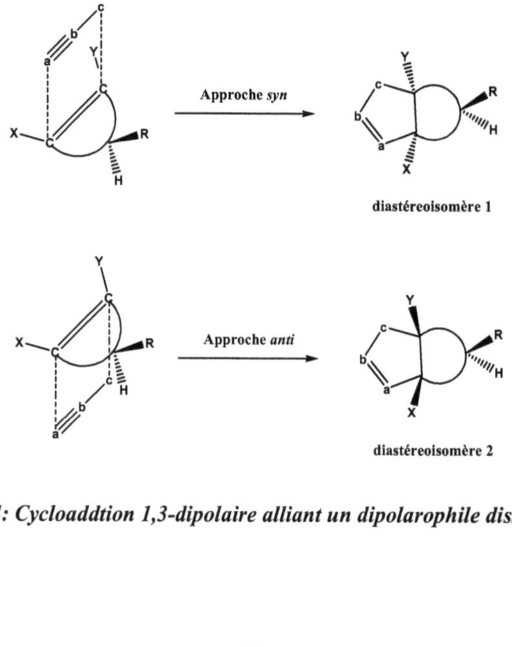

Schéma 14: Cycloaddtion 1,3-dipolaire alliant un dipolarophile dissymétrique

Dans ce dernier exemple, on remarque un nouveau problème. En effet avec un diènophile substitué, il peut y avoir formation de deux composés: le composé dit *endo* et le composé dit *exo*.

On voit donc qu'il y a deux types d'approche possibles pour le diènophile. Chaque type d'approche donne un produit différent. La première donne le produit *endo*, quant à la seconde elle donne le produit *exo*. Le type d'approche dépend de la nature du groupe **R**. Si **R** est capable de former des interactions secondaires favorables avec le diène alors on aura le composé *endo*, sinon on aura le composé *exo*. S'il n'y a pas d'interactions secondaires favorables alors la forme *exo* est privilégiée et ce pour des raisons d'encombrement.

La stéréosélectivité *endo/exo* des réactions de cycloaddition 1,3-dipolaire asymétriques des diazoalcanes[82,83,84] est influencée par plusieurs facteurs comme les effets stériques et électroniques,[85,86] la polarité du solvant,[87] la présence d'un catalyseur comme les acides de Lewis.[88,89]

Dans le contexte de la synthèse stéréosélective, la cycloaddition diastéréofaciale sélective des diazoalcanes avec des alcènes chiraux a attiré une certaine attention.[90,91]

Tito et *coll*.,[97] ont étudié la diastéréosélectivité des réactions de cycloaddition 1,3-dipolaire des diazoalcanes avec le (5S)-2-*p*-tolylsulfinyl-3-alkylcyclopentanone. La réaction est régiospécifique. Des diastéréosélectivités de l'ordre de 95:5 ont été prouvées lors de la cycloaddition du diazoéthane avec (5S)-2-*p*-tolylsulfinyl-3-alkylcyclopentanone dans l'éther éthylique. La sélectivité *exo* est donc ici principalement contrôlée par des facteurs stériques. La

---

[82] K. V. Gothelf, K. A. Jørgersen, *Chem. Rev.,* **1998**, *98*, 863.
[83] E. Muray, A. Alvarez-Larena, J. F. Piniella, V. Branchadell, R. M. Ortuño, *J. Org. Chem.,* **2000**, *65*, 388.
[84] J. L. García, F. Bercial, G. González, A. M. Martín Castro, M. R. Martín, *Tetrahedron: Asymmetry,* **2002**, *13*, 1993.
[85] J. L. Garcia Ruano, A. Fraile, G. Gonzalez, M. Rosario Martin, F. R. Clemente, R. Gordillo, *J. Org. Chem.,* **2003**, *68*, 6522.
[86] J. L. García Ruano, A. Fraile, M. R. Martín, *Tetrahedron:Asymmetry,* **1996**, *7*, 1943.
[87] J. L. Garcia Ruano, M. Alonso, A. Fraile, R. Martin, M. T. Peromingo, A. Tito, *Phosphorus, Sulfur Silicon Relat. Elem.,* **2005**, *180*, 1441.
[88] J. L. Garcia Ruano, M. T. Peromingo, M. Alonso, A. Fraile, M. R. Martin, A. Tito, *J. Org. Chem.,* **2005**, *70*, 8942.
[89] S. Kanemasa, T. Kanai, *J. Am. Chem. Soc.,* **2000**, *122*, 10710.
[90] J. L. Garcia Ruano, S. A. Alonso de Diego, D. Blanco, A. M. Martin Castro, M. Rosario Martin, J. H. Rodríguez Ramos, *Org. Lett.,* **2001**, *3*, 3173.
[91] J. L. GarciaRuano, S. A. Alonso de Diego, M. R. Martin, E. Torrente, A. M. Martin Castro, *Org. Lett.,* **2004**, *6*, 4945.

diastéréosélectivité des réactions de cycloaddition est affectée par la polarité du solvant, comme illustré au schéma 16.

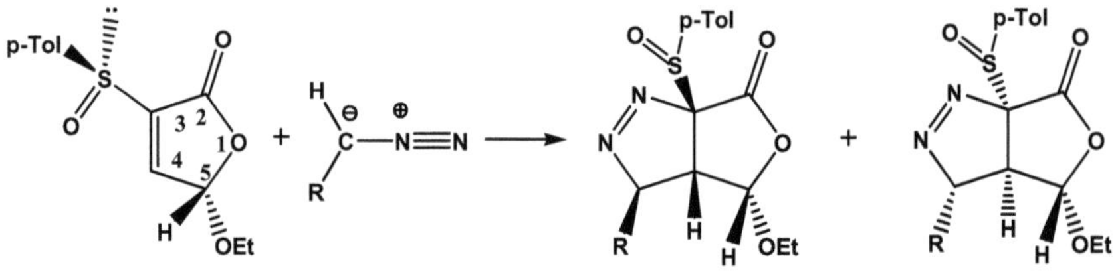

R = Me   *syn-exo*   *anti-exo*

R= Me, solvant = Et₂O   T=0°C   *Syn:anti*= **95:5**
R= Me, solvant = Et₂O   T=-40°C   *Syn:anti*= **96:4**
R= Me, solvant = Et₂O   T=-78°C   *Syn:anti*= **96:4**
R= Me, solvant = CH₃CN/Et₂O (7,5:1)   T=0°C   *Syn:anti*= **60:40**

Schéma 15: diastéréosélectivité syn/anti

L'objectif de ce livre est la recherche de nouvelles molécules potentiellement actives. Nous nous sommes donc intéressés à la synthèse et l'évolution de nouveaux hétérocycles en faisant appels aux réactions de cycloaddition 1,3-dipolaire. Dans un but comparatif, notamment en ce qui concerne la réactivité et la régiochimie de la cycloaddition, nous avons pensé à étudier le comportement du diphényldiazométhane et du 2-diazopropane et vis-à-vis de plusieurs dipolarophiles.

CHAPITRE I

SYNTHÈSE DES DIPOLAROPHILES ET DES DIPÔLES

I. Introduction

Les hétérocycles qui comptent parmi les millions de composés chimiques connus aujourd'hui possèdent une grande importance dans le domaine de la chimie pure et appliquée. Les hétérocycles sont importants, non seulement pour leurs abondances, mais surtout en raison de leurs utilisations pour des objectifs synthétiques et leurs applications biologiques et technologiques. Parmi les hétérocycles, il existe des produits naturels, tels que des vitamines, des hormones, des antibiotiques, des alcaloïdes, des produits pharmaceutiques, des herbicides, des colorants, et d'autres produits d'une grande importance industrielle (inhibiteurs de corrosion, sensibilisateurs).

La recherche de nouveaux hétérocycles, nous a conduit à considérer diverses anhydrides et 1H-pyrrole-2,5-diones comme point de départ de nos synthèses. Les dérivés du 1H-pyrrole-2,5-dione sont une classe importante de substrats pour les applications biologiques et chimiques. Dans les applications biologiques, ils sont utilisés comme sondes chimiques de structures de protéines,[92] comme immunoconjugués pour la thérapie du cancer, haptène pour la production d'anticorps[93] ou de nouveaux herbicides et pesticides.[94] Les 1H-pyrrole-2,5-diones et leurs dérivés sont des composés ayant une double liaison éthylénique activée susceptible de réagir avec les dipôles-1,3 pour conduire *via* une cycloaddition [3+2] à des adduits bicycliques.

Sur la base de ces données bibliographiques, il nous est donc apparu intéressant d'élargir encore le champ d'application des 1H-pyrrole-2,5-diones et leurs dérivés (Schéma 17).

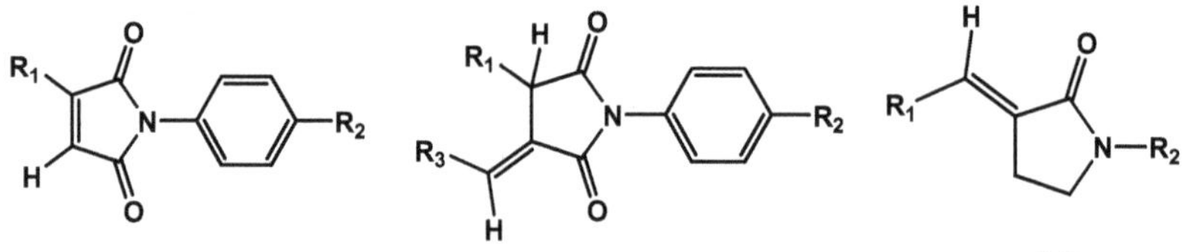

Schéma 17: *Les dérivés du 1H-pyrrole-2,5-dione synthétisés*

---

[92] J. E. T. Corrie, *J. Chem. Soc., Perkin Trans.* 1, **1994**, 2975.
[93] K. D. Janda, J. A. Ashley, T. M Jones, D. A. Mcleod, D. M. Schloeder, Weinhouse M. I. *J. Am. Chem. Soc.,* **1990**, *112*, 8886.
[94] G. Matocsy, M. Nadasi, V. Adriska, *Pesticide Chemistry*. Akademiai Kiadó, Budapest **1988**.

II. Synthèse des dipolarophiles

II.1. Synthèse des N-aryl-1H-pyrrole-2,5-diones et des N-aryl-3-méthyl-1H-pyrrole-2,5-diones 4

Au cours de cette partie du travail, la méthode utilisée pour la préparation des *N*-aryl-1H-pyrrole-2,5-diones ***4(a-c)*** est celle indiquée par **Mitchell**[95] et **Ueno**[96] qui permet d'obtenir les *N*-aryl-3-méthyl-1H-pyrrole-2,5-diones ***4(d-f)*** (Schéma 18). Les *N*-aryl-1H-pyrrole-2,5-diones ***4(a-c)*** et les *N*-aryl-3-méthyl-1H-pyrrole-2,5-diones ***4(d-f)*** sont synthétisés par cyclisation des acides correspondants ***3***. Ces derniers sont obtenus par réaction de condensation de diverses anilines ***1*** avec l'anhydride maléique ***2***.

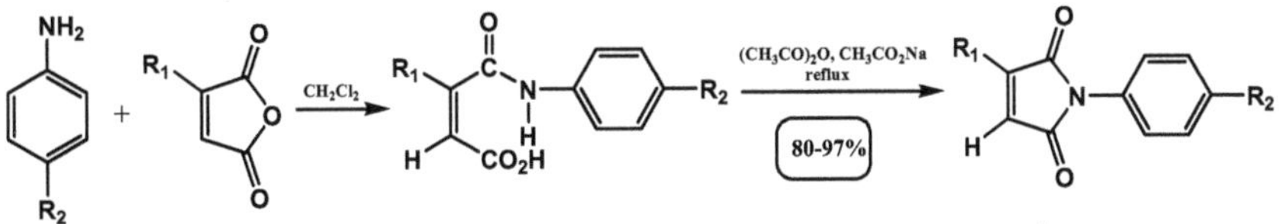

1 2 3

4:
- a: R_1= H, R_2= H
- b: R_1= H, R_2= OCH_3
- c: R_1= H, R_2= NO_2
- d: R_1= CH_3, R_2= H
- e: R_1= CH_3, R_2= OCH_3
- f: R_1= CH_3, R_2= NO_2

Schéma 18: Synthèse des N-aryl-1H-pyrrole-2,5-diones et des N-aryl-3-méthyl-1H-pyrrole-2,5-diones 4(a-f)

II.2. Synthèse des (Z)-N-phénylcarbamoylacrylates d'alkyle 5

Nous avons aussi synthétisé les (*Z*)-*N*-phénylcarbamoylacrylates d'alkyle ***5(a-b)*** par une réaction d'estérification de l'acide ***3*** avec les alcools correspondants en présence de $SOCl_2$. Cette estérification a été réalisée selon la méthode décrite par **Baldev** (Schéma 19).[97]

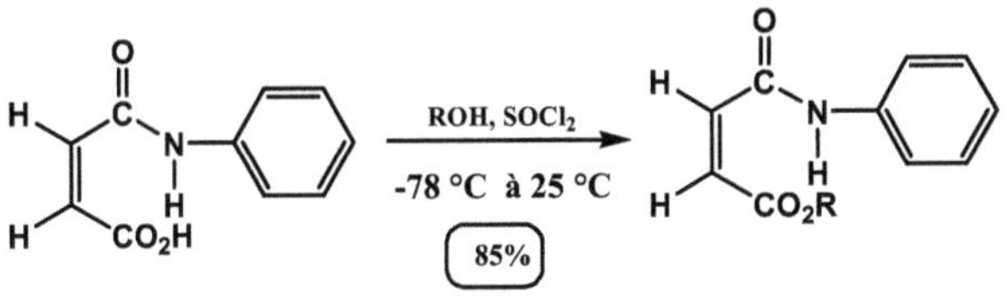

3

5:
- a: R= CH_3
- b: R= CH_2CH_3

Schéma 19: Synthèse des (Z)-N-phénylcarbamoylacrylates d'alkyle 5(a-b)

---

[95] M. P. Cava, A. A. Deana, K. Muth, M. J. Mitchell, *Org. Synth.*, **1973**, *5*, 944.
[96] P. Reddy, S. Kondo, T. Toru, Y. Ueno, *J. Org. Chem.*, **1997**, *62*, 2652.
[97] K. Baldev et *al.*, Indian Journal of Chemistry, Section B: Organic Chemistry Including Medicinal Chemistry, **1986**, *25*, 692.

II.3. Synthèse des (E)-arylidène-N-arylpyrrolidine-2,5-diones 7 et des (E)-arylidène-N-aryl-4-méthyl pyrrolidine-2,5-diones 7'

Nous avons utilisé la méthode préconisée par **Theodoropulos**[98] pour accéder aux (E)-arylidène-N-arylpyrrolidine-2,5-diones **7(a-d)**. Les ylures **6(a-d)** sont préparés par réaction d'un excès de triphénylphosphine sur les N-arylpyrrole-2,5-diones ou les N-aryl-3-méthyl pyrrole-2,5-diones dans l'acide acétique glacial.[99,100] La condensation des ylures **6a** et **6b** avec les 4-arylaldéhydes a permis d'obtenir les (E)-arylidène-N-arylpyrrolidine-2,5-diones **7(a-d)**.

Les synthèses des (E)-arylidène-N-aryl-4-méthylpyrrolidine-2,5-diones **7'(a-d)** n'ont pas été mentionnées auparavant dans la littérature à notre connaissance. Handicapés par le manque de renseignements concernant leur stabilité, nous étions obligés de tester différentes méthodes proches de celles qui existaient déjà.

Nous avons alors essayé d'utiliser une méthode analogue à celle de **Cerrit-Jan Koomen**;[101] qui consiste à faire réagir les ylures **6c** et **6d** avec les 4-arylaldéhydes dans le 1,2-dichloroéthane sous reflux (Schéma 20).

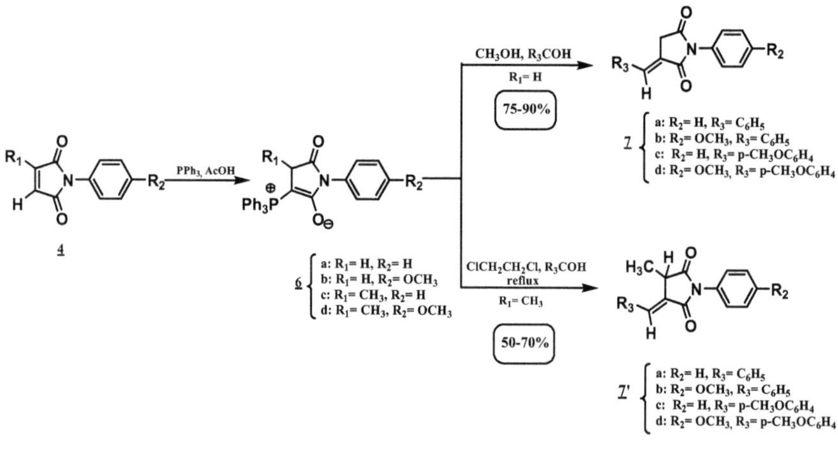

Schéma 20: Synthèse des (E)-arylidène-N-arylpyrrolidine-2,5-diones 7(a-d) et des (E)-arylidène-N-aryl-4-méthylpyrrolidine-2,5-diones 7'(a-d)

---

[98] E. Hedaya, S. Theodoropulos, *Tetrahedron*, **1968**, *24*, 2241.
[99] R. F. Hudson, P. A. Chopard, *Helv. Chim. Acta*, **1963**, *46*, 2178.
[100] P. A. Chopard, R. F. Hudson, *Z. Naturforsch*, **1963**, *18*, 509.
[101] M. J. Wanner, Cerrit-Jan. Koomen, *Tetrahedron Lett.*, **1992**, *33*, 1513.

Le contrôle de la réaction de condensation des ylures **6(a-h)** avec les 4-arylaldéhydes par chromatographie sur plaque de silice (CCM) a révélé la formation d'un produit unique. Ceci nous a permis de prédire qu'il s'agit d'une réaction stéréospécifique, car elle aboutit à la formation d'un seul des deux stéréo-isomères normalement attendus (Z) ou (E).

Les travaux de **Theodoropulos**[107] indiquent clairement que les arylidène-*N*-aryl pyrrolidine-2,5-diones obtenus par voie de synthèse sont exclusivement sous forme (E). La comparaison des résultats spectroscopiques du produit **7a** avec ceux de la littérature[107] plaide en faveur d'une stéréochimie (E). En effet l'analyse du spectre de RMN^{1}H du composé **7a**, à titre d'exemple, indique la présence d'un singulet à 7,88 ppm attribuable au proton éthylénique très déblindé à cause de son proximité du carbonyle. Cette valeur obtenue est en accord avec la littérature.[20]

En ce basant sur ces donnés bibliographiques, le produit obtenu dans nos réactions est l'isomère (E).

II.4. Synthèse des (E)-3-arylidènepyrrolidin-2-ones 8

Afin de préparer les (E)-3-arylidènepyrrolidin-2-ones **8(a-c)**, nous avons dans un premier temps utilisé une méthode analogue à celle employée par **Zimmer** pour synthétiser les 3-arylidène-γ-butyrolactones,[102,103] qui consiste à faire réagir la pyrrolidin-2-one avec les 4-arylaldéhydes en présence de NaH dans le THF anhydre. Tous les essais ont échoué.

Nous avons donc retenu la méthode préconisée par **Trouth** et *coll.*,[104] qui consiste à faire réagir la *N*-acétylpyrrolidin-2-one avec les 4-arylaldéhydes en présence de NaH dans le THF anhydre. La déprotection des (E)-3-arylidène-*N*-acétylpyrrolidin-2-ones par l'acide sulfurique conduit aux (E)-3-arylidènepyrrolidin-2-ones **8(a-c)** escomptés (Schéma 21).

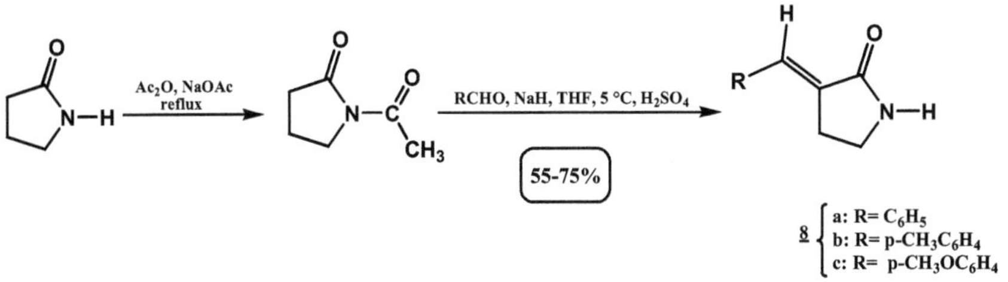

8
a: R= C_6H_5
b: R= p-$CH_3C_6H_4$
c: R= p-$CH_3OC_6H_4$

Schéma 21: Synthèse des (E)-3-arylidènepyrrolidin-2-ones 8(a-c)

---

[102] H. Zimmer, *Angew. Chem.*, **1961**, *73*, 149.
[103] H. Zimmer, F. Haupter, J. Rothe, W. E. J. Schrof, R. Walter, *Z. Naturforsch*, **1963**, *18*, 165.
[104] H. Zimmer, D. C. Armbruster, L. J. Trouth, *J. Heterocyclic Chem.*, **1965**, *2*, 171.

Ainsi l'analyse du spectre de RMN^{1}H de la (E)-3-benzylidènepyrrolidin-2-one **8b** révèle la présence d'un triplet centré à 7,24 ppm correspondant au proton vinylique de constante de couplage $J = 2,7$ Hz. Les travaux de **Dyer**[114] ont montré que le proton éthylénique des systèmes (E) (A) possède une valeur de constante de couplage comprise entre 0,5 et 2,5 Hz, par contre le proton éthylénique des systèmes (Z) (B) possède une valeur de constante de couplage nulle.[105,106]

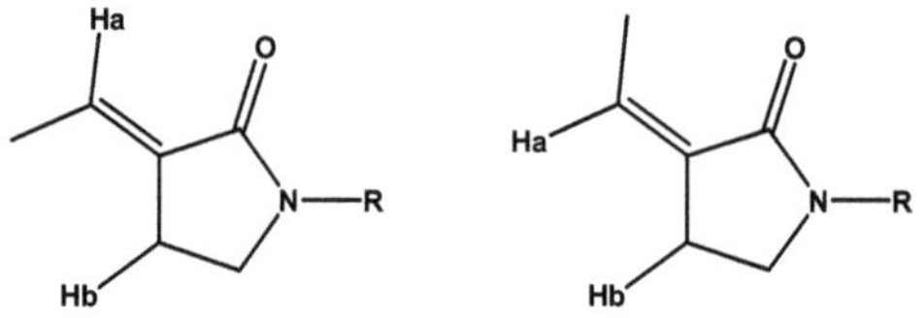

A: E
$J = 0,5$-$2,4$ Hz

B: Z
$J = 0$ Hz

L'étude structurale et bibliographique plaide en faveur d'une stéréochimie (E).

II.5. Synthèse des (E)-N-benzyl-3-arylidènepyrrolidin-2-ones 9

Dans le but de synthétiser des analogues différents de la *N*-benzyl-3-phénylidènepyrrolidin-2-one **9a** connus pour leurs propriétés anticonvulsants,[107] nous avons préconisé la benzylation des (E)-3-arylidènepyrrolidin-2-ones **8(a-c)**. Nous avons préparé les (E)-*N*-benzyl-3-arylidènepyrrolidin-2-ones **9(a-c)** à partir des 3-(E)-arylidènepyrrolidin-2-ones **8(a-c)** et du bromure de benzyle selon un mode opératoire inspiré des travaux de **Ihara** *et coll.*,[108,109] (Schéma 22).

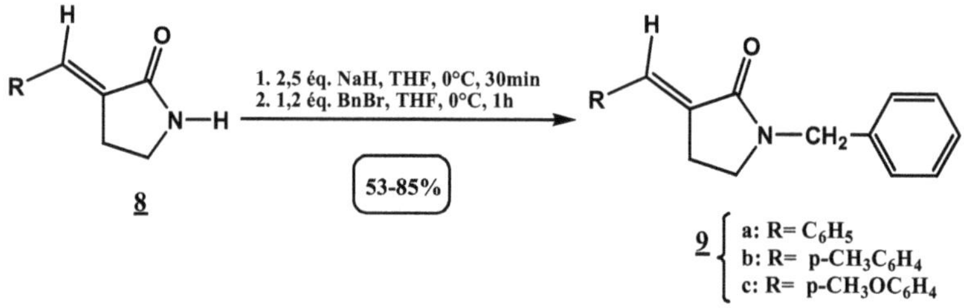

1. 2,5 éq. NaH, THF, 0°C, 30min
2. 1,2 éq. BnBr, THF, 0°C, 1h

53-85%

9
a: R= C_6H_5
b: R= p-$CH_3C_6H_4$
c: R= p-$CH_3OC_6H_4$

Schéma 22: Synthèse des (E)-N-benzyl-3-arylidènepyrrolidin-2-ones 9(a-c)

---

[105] J. R. Dyer, Application of Absorption Spectroscopy in Organic Compounds p 99. Prentice-Hall, Englewood Cliffs, N. J. **1965**.
[106] A. K. Bose, J. L. Fahey, M. S. Manhas, *Tetrahedron*, **1974**, *30*, 3.
[107] P. G. Marshall, D. K. Vallance, *J. Pharm. Pharmacol.*, **1954**, *6*, 740.
[108] M. Ihara, K. Noguchi, K. Fukumoto, T. Kametani, *Heterocycles*, **1983**, *20*, 421.
[109] M. Ihara, K, Noguchi, K. Fukumoto, T. Kametani, *Tetrahedron*, **1985**, *41*, 2109.

III. Synthèse des dipôles

III.1. Préparation des diazoalcanes

III.1.1. Synthèse du 2-diazopropane *11* (DAP)

Le 2-diazopropane *11*, préparé au départ par **Staudinger**[110] n'a pu être utilisé que beaucoup plus récemment comme substrat dans les réactions de cycloaddition 1,3-dipolaire. Pour le préparer, nous avons utilisé la méthode de **Staudinger** modifiée par **Whiting**[111] en vu d'améliorer la reproductibilité et le rendement de la réaction. Le 2-diazopropane est obtenu par oxydation de l'hydrazone de l'acétone *10* par une suspension d'oxyde mercurique dans de l'éther diéthylique (Schéma 23).

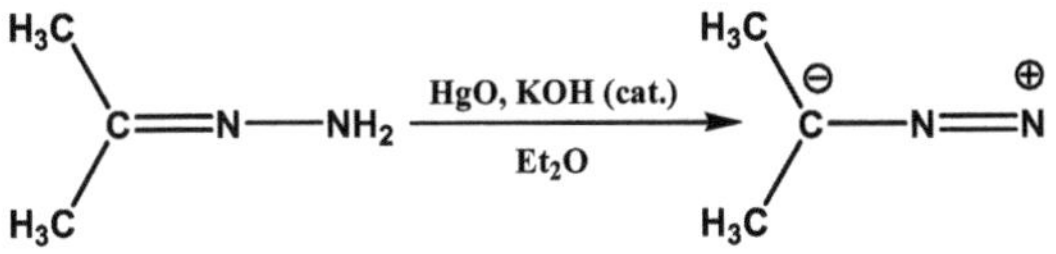

Schéma 23: Synthèse du 2-diazopropane

L'oxyde de mercure est préparé par réaction entre du chlorure de mercure et de la soude (Schéma 24).

$$HgCl_2 + 2\,NaOH \longrightarrow Hg(OH)_2 + 2\,NaCl$$

$$Hg(OH)_2 \longrightarrow HgO + H_2O$$

Schéma 24: Synthèse du HgO

L'hydrazone de l'acétone est préparée par une réaction de condensation de l'hydrazine anhydre avec l'acétonazine.[112] Cette dernière est préparée à partir de l'acétone et de l'hydrazine monohydratée N_2H_4, H_2O (Schéma 25).

---

[110] H. Staudinger, A. Gaule, *Chemische Berichte*, **1916**, *49*, 1897.
[111] S. D. Andrews, A. C. Day, P. Raymond, M. C. Whiting. *Org. Synth.*, **1988**, *6*, 392.
[112] A. C. Day, M. C. Whiting. *Org. Synth.*, **1988**, *6*, 10.

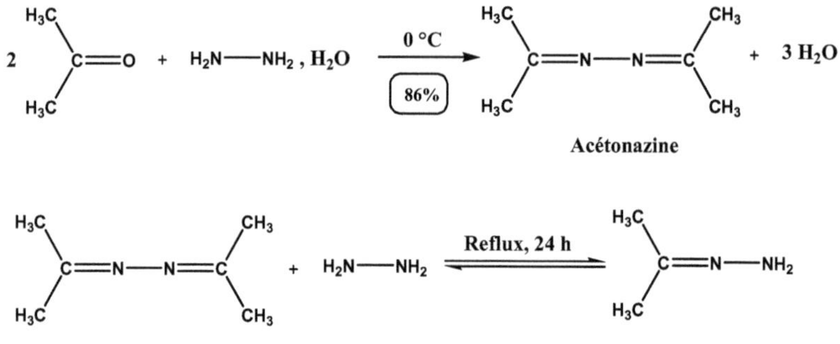

$$2\ (CH_3)_2C=O + H_2N-NH_2, H_2O \xrightarrow[86\%]{0\ °C} (CH_3)_2C=N-N=C(CH_3)_2 + 3\ H_2O$$

Acétonazine

$$(CH_3)_2C=N-N=C(CH_3)_2 + H_2N-NH_2 \xrightleftharpoons{Reflux,\ 24\ h} (CH_3)_2C=N-NH_2$$

Hydrazone de l'acétone

Schéma 25: Synthèse des précurseurs du 2-diazopropane

Le DAP est séparé sous vide du mélange réactionnel et se condense dans un piège refroidi à -60 °C. Après dilution dans l'éther diéthylique, la solution est conservée durant quelques heures à -60 °C.

III.1.2 Synthèse du diphényldiazométhane 12

Le diphényldiazométhane a été préparé par oxydation de l'hydrazone de la benzophénone, dans l'éther éthylique à l'aide du HgO à 0°C (Schéma 26).[113]

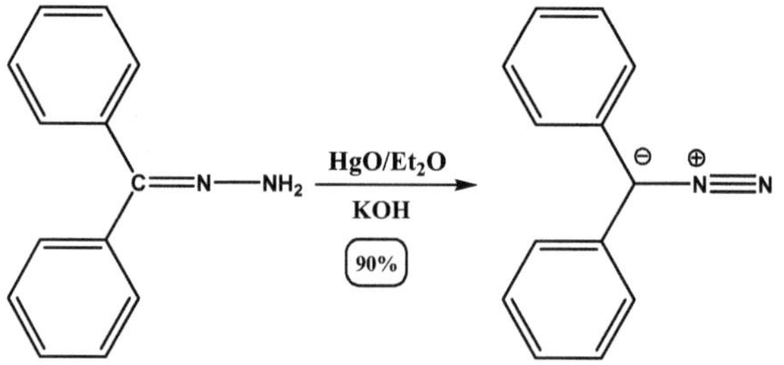

$$Ph_2C=N-NH_2 \xrightarrow[KOH]{HgO/Et_2O,\ 90\%} Ph_2C^{\ominus}-N^{\oplus}{\equiv}N$$

12
Diphényldiazométhane

Schéma 26: Synthèse du diphényldiazométhane

L'hydrazone de la benzophénone est préparée par réaction de condensation de l'hydrazine anhydre avec la benzophénone en solution alcoolique au reflux pendant 10 h (schéma 27).[114]

---

[113] S. Irvin, H. Kenneth, *Org. Synth.*, **1955**, *3*, 351.
[114] S. Irvin, H. Kenneth, *Org. Synth.*, **1944**, *24*, 53.

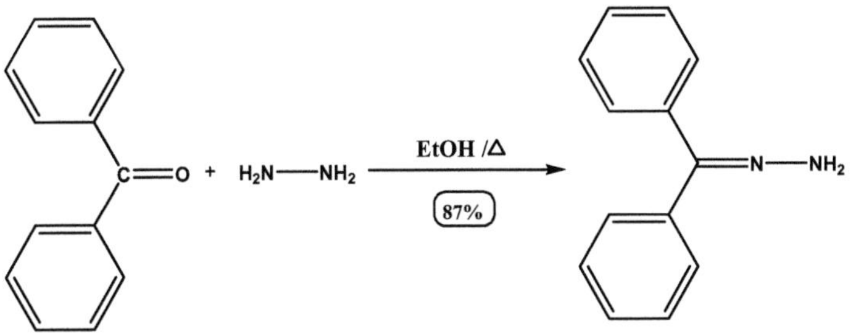

Hydrazone de benzophénone

Schéma 27: Synthèse de l'hydrazone de la benzophénone

IV. Conclusion

Plusieurs stratégies ont été envisagées pour la synthèse de plusieurs dipolarophiles. Dans une grande partie de ce travail nous nous sommes intéressés à la synthèse des dérivés des maléimides.

Les dérivés du méthylène-*N*-arylsuccinimide sont préparés par oléfination de Wittig.

Les 3-arylidènepyrrolidin-2-ones sont synthétisées par condensation du *N*-acétylpyrrolidin-2-one avec des aldéhydes benzoïques.

A reflux du 1,2-dichloroéthane, la réaction de condensation des ylures avec des aldéhydes benzoïques conduit à de nouveaux arylidène-*N*-arylméthylsuccinimides.

Nous avons réalisé enfin la synthèse du 2-diazopropane, du diphényldiazométhane et d'une série de chlorures d'arylhydroxamoyles, précurseurs des arylnitriloxydes.

Nous donnons ci-dessous les dipôles synthétisés:

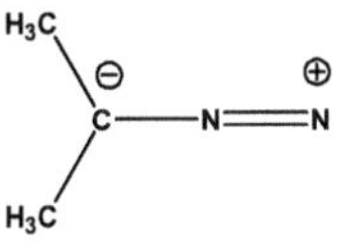

11

2-diazopropane

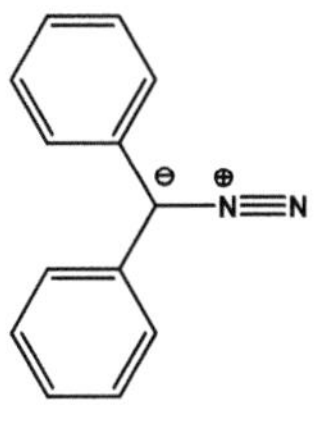

12

diphényldiazométhane

CHAPITRE II

SYNTHÈSE DE Δ^1-PYRAZOLINES, Δ^2-PYRAZOLINES ET PYRAZOLÉNINES. SYNTHÈSE PHOTOCHIMIE DE CYCLOPROPANES ET CYCLOPROPÈNES.

I. Introduction

La recherche de nouvelles molécules potentiellement actives et d'accès facile, constitue l'une des préoccupations majeures des chimistes organiciens. Si les bio-activités des molécules naturelles ou synthétiques s'expliquent par des mécanismes très complexes, on s'accorde à reconnaître un rôle privilégié à l'atome d'azote qui par sa capacité à établir des liaisons hydrogène, sa présence dans des motifs hétéroaromatiques ou ses propriétés basiques favorisent des interactions moléculaires ou perturbent des bio-conversions acido-catalysées, phénomènes à l'origine de bio-activités souvent remarquables.[115,116]

Dans ce contexte, la cycloaddition 1,3-dipolaire des diazoalcanes est une approche attrayante pour introduire simultanément deux atomes d'azote.[117,118,119,120,121,122]

La synthèse des pyrazolines a suscité de nombreux travaux à cause de leurs applications.[123,124,125,126,127]

Les pyrazolines présentent d'intéressantes propriétés fongicides, herbicides et insecticides.[128,129,130,131] Des activités anti-inflammatoires, antivirales et antibactériennes ont été également évaluées.[132,133,134,135]

Les hétérocycles de type pyrazolines[136] ont suscité ces dernières années beaucoup d'attention en raison de la découverte de nouvelles propriétés hypoglycémiantes,[137]

---

[115] K. Hashimoto, T. Tomoyasu, M. Inoe, M. Inai, Jpn. Kokai Tokkyo Koho Jap. Pat. 05 17,470 [93 17 470] (CI. 07 D401/04), 1993, Jap. Pat. Appl., 90/233,622, 1990.
[116] B. K. Bhattacharya, R. K. Robin, G. R. Revankar, *J. Heterocycl. Chem.*, **1990**, *27*, 795.
[117] T. Kano, T. Hashimoto, K. Maruoka, *J. Am. Chem. Soc.*, **2006**, *128*, 2174.
[118] Y. Yamashita, S. Kobayashi, *J. Am. Chem. Soc.*, **2004**, *126*, 11279.
[119] Y. Chen, Y. L. Lam, Y. H. Lai, *Org. Lett.*, **2003**, *5*, 1067.
[120] D. Simovic, M. Di, V. Marks, D. C. Chatfield, K. S. Rein, *J. Org. Chem.*, **2007**, *72*, 650.
[121] M. Mish, F. Guerra-Martinez, E. M. Carreira, *J. Am. Chem. Soc.*, **1997**, *119*, 8379.
[122] T. J. J. Müller, M. Ansorge, D. Aktah, *Angew. Chem., Int. Ed.* **2000**, *39*, 1253.
[123] S. Manyem, M. P. Sibi, G. H. Lushington, B. Neuenswander, F. Schoenen, J. Aube, *J. Comb. Chem.*, **2007**, *9*, 20.
[124] S. L. Schreiber, *Nat. Chem. Biol.*, **2005**, *1*, 64.
[125] D. R. Spring, *Chem. Soc. Rev.*, **2005**, *34*, 472.
[126] M. E. Camacho, J. Leon, A. Entrena, G. Velasco, M. D. Carrion, G. Escames, A. Vivo, D. Acuna-Castroviejo, A. Gallo, *J. Espinosa, Med. Chem.*, **2004**, *47*, 5641.
[127] E. Camacho, J. Leon, A. Carrion, A. Entrena, G. Escames, H. Khaldy, D. Acuna-Castroviejo, M. A. Gallo, A. Espinosa, *J. Med. Chem.*, **2002**, *45*, 263.
[128] A. Chene, R. Peignier, J. P. Vors, J. Mortier, R. Cantegril and D. Croisat, Eur. Pat. Appl., 538, 156 (CI. C07D231/16), 1993 et Fr. Pat. Appl., 91/12, 647, 1991.
[129] U. Dave, K. Ladva, H. Parekh, *J. Inst. Chem.*, **1992**, *64*, 107.
[130] Y. Parekh, T. Mabuchi, M. Kajioka and I. Yanai, Eur. Pat. Appl., 361, 11, (CI. C07D231/18), 1990 et Jap. Pat. Appl., 88/217, 164, 1988.
[131] K. Silver, D. Soderlund, *Pesticide Biochemistry and Physiology*, **2005**, *81*, 136.
[132] L. V. G. Nargund, V. Hariprasad, G. R. Reddy, *Indian J. Pharm. Sci.*, **1993**, *55*, 1.
[133] F. Wilkinson, G. Kelly, C. Michael and D. Oelkrug, *J. Photochem. Photobiol.*, **1990**, *52*, 309.
[134] F. Barsoum, H. Hosni, A. Girgis, *Bioorg. Med. Chemi.*, **2006**, *14*, 3929.
[135] M. Berghot, E. Moaward, *Eur. J. Pharm. Sci.*, **2003**, *20*, 173.

hypolipidémiantes,[138] antidépressives,[139,140,141] anticonvulsantes[142] et antiamibiennes (Schéma 31).[143]

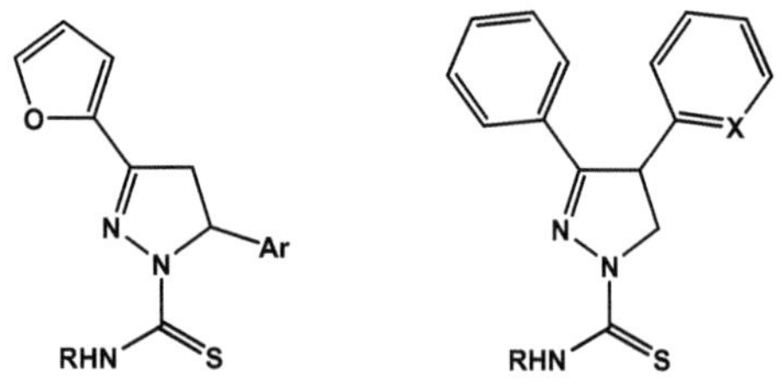

activité anticonvulsivante

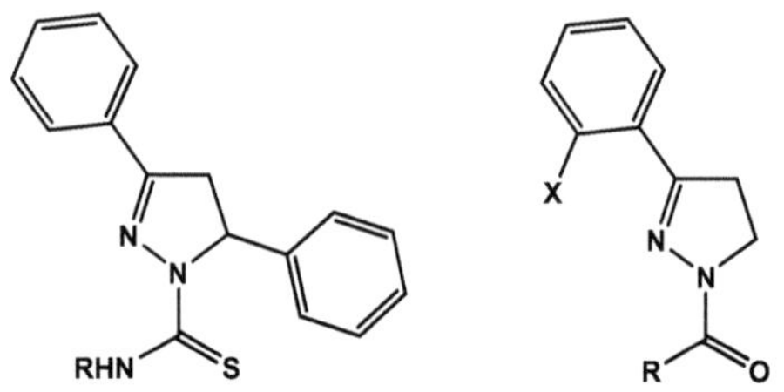

activité antidépressive   activité antiamibienne

Schéma 31: Exemples de pyrazolines possédant des activités pharmacologiques

Ces travaux présentent un double intérêt, synthétique d'une part, par le développement de voies synthétiques dans le domaine plus spécifique de la chimie hétérocyclique et pharmacochimique et d'autre part, par la conception des nouveaux inhibiteurs mentionnés ci-dessus.

---

[136] C. Sun-Liang, W. Jing, W. Yan-Guang, *Org. Lett.*, **2008**, *10*, 13.
[137] K. Seki, J. Isegawa, M. Fukuda, M. Ohki, *Chem, Pharm. Bull.*, **1984**, *32*, 1568.
[138] B. Cottineau, P. Toto, C. Marot, A. Pipaud, J. Chenault, *J. Biorg. Med. Chem. Lett.*, **2002**, *12*, 2105.
[139] A. Bilgin, E. Palaska, R. Sunal, B. Gumusel, *Pharmazie*, **1994**, *49*, 67.
[140] A. Bilgin, E. Palaska, R. Sunal, *Arzneimittel-forschung/Drug Res.*, **1993**, *43*, 1041.
[141] A. Bilgin, A. Yesilada, E. Palaska, R. Sunal, *Arzneimittel-forschung/Drug Res.*, **1992**, *42*, 1271.
[142] N. Gokhan, A. Yesilada, G. Ucar, K. Erol, A. Bilgin, *Arch. Pham. Med. Chem.*, **2003**, *336*, 362.
[143] Z. Ozdemir, H. Burak, B. Gumusel, U. Calis, A. Bilgin, *Eur. J. Med. Chem.*, **2007**, *42*, 373.

II. Cycloaddition du 2-diazopropane sur les dipolarophiles
II.1. Réaction effectuée avec les (Z)-N-phénylcarbamoylacrylates d'alkyle 5

L'addition du 2-diazopropane sur les (Z)-N-phénylcarbamoylacrylates **5** à 0°C, a conduit à la formation exclusive des composés **16** (Schéma 32).[144]

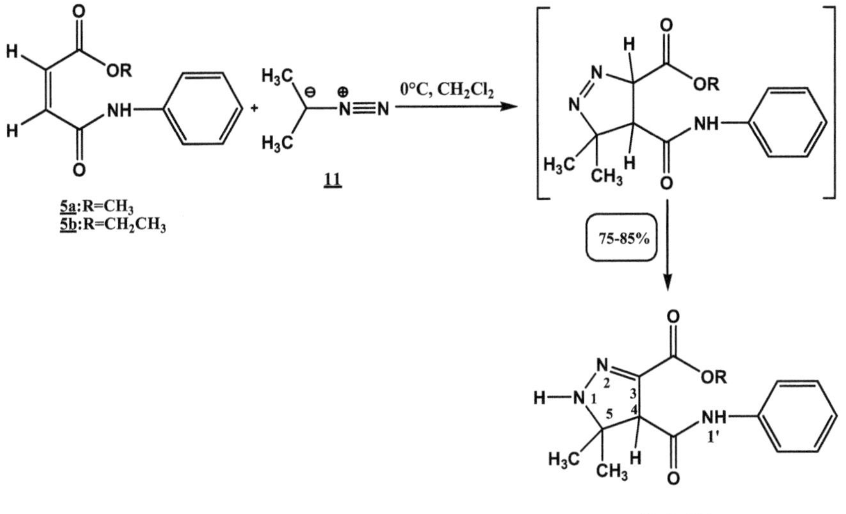

Schéma 32: Synthèse de Δ^2-pyrazolines

Rappelons toutefois que l'obtention des Δ^2-pyrazolines **16**, comme produits de cette addition résulte de l'isomérisation par prototropie des Δ^1-pyrazolines correspondantes qui sont très peu stables.[145]

II.1.2. Etude de la régiochimie des composés

Au cours de cette réaction, il peut théoriquement se former deux régioisomères **16** et **16'**.

L'étude spectrale en RMN 1D et RMN 2D a montré que pour les deux réactions de cycloaddition, nous isolons un seul cycloadduit de type **16**.

Afin de déterminer la régiochimie de l'addition du 2-diazopropane sur la double liaison éthylénique, nous avons eu recours à la RMN bidimensionnelle HMBC. L'interprétation du spectre HMBC relatif à l'adduit **16a** montre d'une part, que les protons méthyliques (1,19 ppm) et (1,28 ppm) corrèlent avec le C_4 (59,62 ppm) mais ne corrèlent pas avec le carbone C_3 (135,60 ppm), d'autre part ce spectre montre que le proton de l'azote amide (10,05 ppm)

---
[144] N. Ben Hamadi, J. Lachheb, M. Msaddek, *J. Soc. Alger. Chim.*, **2007**, *17*, 37.
[145] G. Jones, K. Chang, H. Shechter, *J. Am. Chem. Soc.*, **1979**, *101*, 3906.

corrèle avec le carbone C₄ et les carbones du phényle (Schéma 33) mais ne corrèlent pas avec le carbone C₃. Ces corrélations permettent d'affirmer la structure du régioisomère obtenu: cycloadduit _16_. En effet, le proton de l'azote amide corrèle avec C₃ dans le cas de l'autre régioisomère _16'_.

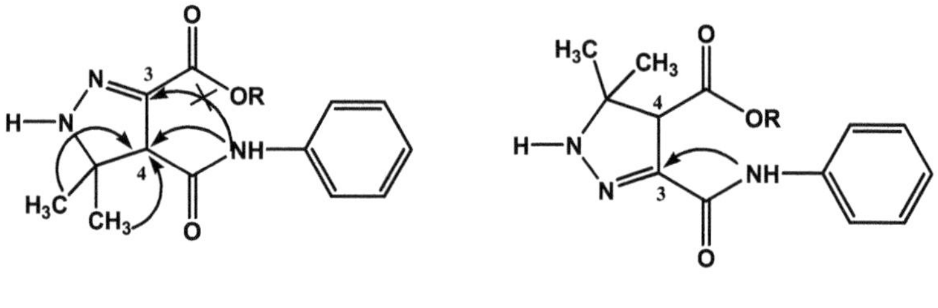

16a: R=CH₃
16b: R=CH₂CH₃

16'a: R=CH₃
16'b: R=CH₂CH₃

Schéma 33: Corrélations HMBC

II.2. Réaction effectuée avec les N-aryl-1H-pyrrole-2,5-diones et les N-aryl-3-méthyl-1H-pyrrole-2,5-diones *4*

L'addition d'une solution éthérée du 2-diazopropane sur les *N*-aryl-1H-pyrrole-2,5-diones et les *N*-aryl-3-méthyl-1H-pyrrole-2,5-diones à -78°C, a conduit à la formation exclusive des composés _17(a-f)_ (Schéma 34).[146,147]

17
a: R₁= H, R₂= H
b: R₁= H, R₂= OCH₃
c: R₁= H, R₂= NO₂
d: R₁= CH₃, R₂= H
e: R₁= CH₃, R₂= OCH₃
f: R₁= CH₃, R₂= NO₂

Schéma 34: Synthèse de Δ¹-pyrazolines

---

[146] N. Ben Hamadi, J. Lachheb, A. Khemiss, *J. Soc. Chim. Tun.*, **2003**, *5*, 213.
[147] N. Ben Hamadi, N. Louhichi, M. Msaddek, *J. Chem. Res.*, **2007**, *10*, 569.

II.2.1. Etude de la régiochimie des composés *17(d-f)*

Au cours de la réaction de cycloaddition du 2-diazopropane avec les *N*-aryl-3-méthyl-1H-pyrrole-2,5-diones *4(d-f)*, il peut théoriquement se former deux régioisomères *17* et *17'*.

Le singulet, d'intégration 1H, observé sur tous les spectres RMN^{1}H et situé entre 2,58 ppm et 2,71 ppm, correspond au proton H$_{3a}$ de *17* plutôt qu'au proton H$_{6a}$ de *17'*.[177] Dans le cas de l'autre cycloadduit *17'*, on devrait observer une valeur de déplacement chimique supérieure à 5 ppm.

Pour confirmer cette hypothèse, nous avons estimé utile de procéder à une étude spectrale en RMN^{13}C.

Le carbone quaternaire C$_{6a}$ a un déplacement chimique proche de 95 ppm,[148] ce qui le situe bien à côté de l'azote du cycle pyrazolinique (Schéma 35).

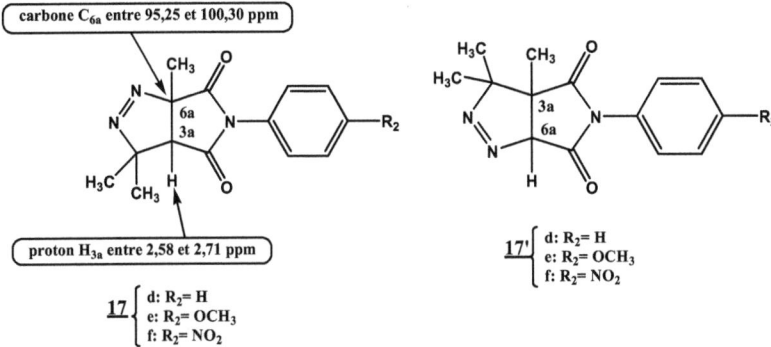

Schéma 35: Régiochimie de l'addition

II.3. Réaction effectuée avec les (E)-3-arylidène-N-arylpyrrolidine-2,5-diones *7* et les (E)-3- arylidène-N-aryl-4-méthylpyrrolidine-2,5-diones *7'*

L'addition du 2-diazopropane *11* à -78°C sur les (*E*)-3-arylidène-*N*-arylpyrrolidine-2,5-diones *7* (R$_1$=H) et les (*E*)-3-arylidène-*N*-aryl-4-méthylpyrrole-2,5-diones *7'* (R$_1$=CH$_3$) a conduit à la formation exclusive des composés *18(a-h)* (Schéma 36).[149]

---

[148] N. Boukamcha, R. Gharbi, M.-T. Martin, A. Chiaroni, Z. Mighri, A. Khemiss, *Tetrahedron*, **1999**, *55*, 449.

[149] N. Ben Hamadi, M. Msaddek, *J. Chem. Res.*, **2007**, *2*, 121.

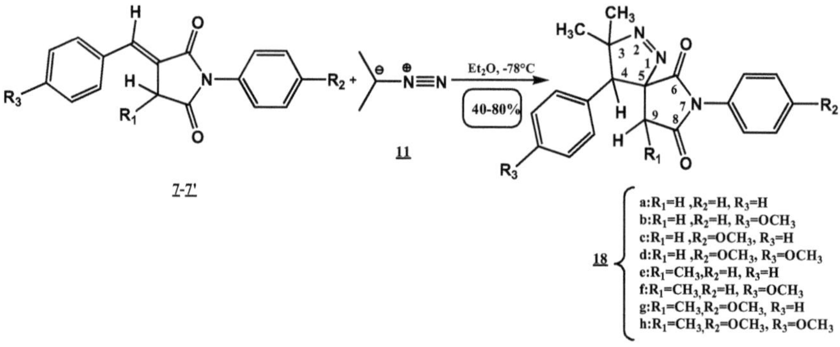

Schéma 36: *Synthèse de spiro-Δ^1-pyrazolines*

II.3.1. Etude de la régiochimie

Au cours de cette réaction, il peut théoriquement se former les deux régioisomères **18** et **18'** (Schéma 37).

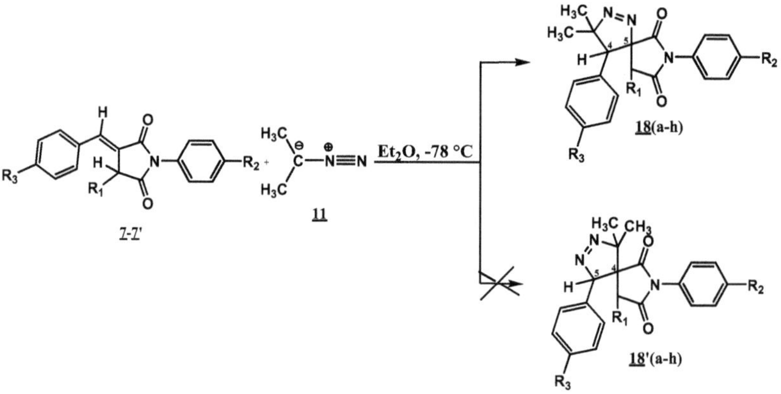

Schéma 37: *Régiochimie de la réaction*

Par ailleurs, le spectre IR du composé **18g** montre la présence d'une bande à 1520 cm^{-1} relative à la vibration d'élongation N=N.

> **Interprétation des données spectrales protoniques**

- Le non dédoublement des singulets relatifs aux protons méthyliques et du proton H_4 de ***18(a-h)*** [ou H_5 de ***18'(a-h)***] permet d'affirmer que nous sommes en présence d'un seul régioisomère.
- Le déplacement chimique du proton H_4 (3 ppm) indique qu'il ne se trouve pas en α de l'azote.[150] Dans le cas de l'autre cycloadduit ***18'(a-h)***, on devrait observer une valeur de déplacement chimique supérieure à 5 ppm.

Pour confirmer cette hypothèse, nous avons estimé utile de procéder à une étude spectrale en $RMN^{13}C$.

L'analyse des spectres $RMN^{13}C$ montre des déplacements chimiques du carbone spirannique C_5 situés entre 99,05 ppm et 99,69 ppm, ce qui implique l'hétéroatome N dans son proche voisinage (Schéma 38).[151]

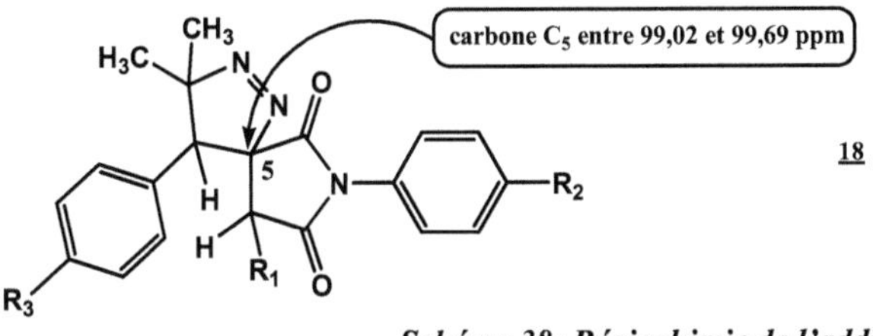

18
- **a:** R_1=H, R_2=H, R_3=H
- **b:** R_1=H, R_2=H, R_3=OCH_3
- **c:** R_1=H, R_2=OCH_3, R_3=H
- **d:** R_1=H, R_2=OCH_3, R_3=OCH_3
- **e:** R_1=CH_3, R_2=H, R_3=H
- **f:** R_1=CH_3, R_2=H, R_3=OCH_3
- **g:** R_1=CH_3, R_2=OCH_3, R_3=H
- **h:** R_1=CH_3, R_2=OCH_3, R_3=OCH_3

Schéma 38: Régiochimie de l'addition

La cycloaddition [3+2] du 2-diazopropane avec ***7(a-h)*** est une réaction régiospécifique. Comme dans le cas des *N*-arylcitraconimides, les (*E*)-3-arylidène-*N*-arylsuccinimides et les (*E*)-3-arylidène-*N*-arylméthylsuccinimides réagissent selon la même orientation régiochimique que les oléfines classiques.

[150] K. B. Ali, N. Boukamcha, A. Khemiss, M.-T. Martin, *J. Chem, Res.*, **2005**, *8*, 498.
[151] L. Gouiaa, N. Boukamcha, M.-T. Martin, A. Khemiss, *Heterocycl.Ccommun.*, **2004**, *10*, 227.

II.3.2. Etude de la stéréochimie des composés *18(e-h)*

La cycloaddition se révèle stéréospécifique avec les dipolarophiles *7(e-h)*. Les deux faces de ces dipolarophiles ne sont pas identiques. La représentation des deux types d'approches met en évidence une gêne stérique (Schéma 39). La cycloaddition du 2-diazopropane avec les (*E*)-3-arylidène-*N*-arylméthylsuccinimides se produit sur la face de l'alcène la moins encombrée (Approche *anti* **A**). L'influence du groupe méthyle sur la stéréosélectivité de la cycloaddition parait évidente d'après les résultats rassemblés. Les différents essais réalisés pour atteindre les conditions optimales prouvent que la proportion ne dépend jamais du temps ni de la température de la réaction.

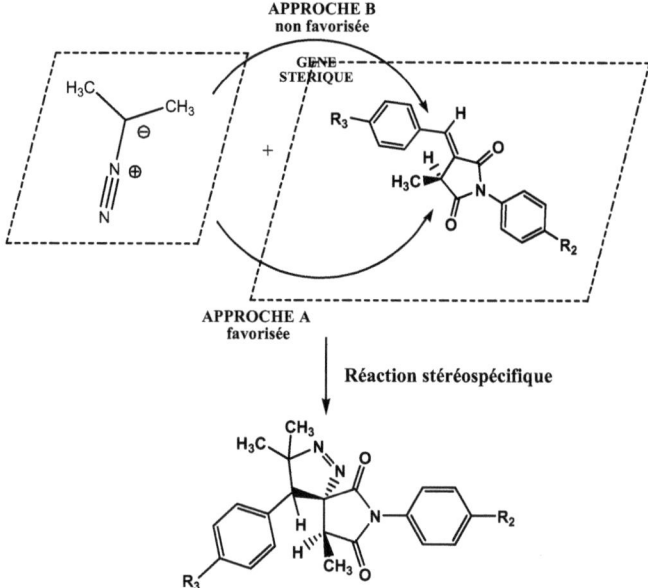

Schéma 39: Deux approches spatiales possibles

Pour prouver la stéréochimie des cycloadduits nous avons eu recours au spectre de RMN bidimensionnelle NOESY. L'analyse des spectres NOESY (voir spectre N° 5 du produit *18g*) relatif aux spiro-Δ^1-pyrazolines *18(e-h)* montre que le proton H_4 présente un effet NOE avec les protons méthyliques (Schéma 40).[152]

---

[152] A. Kerbal, K. Tshiamala, J. Vebrel and B. Laude, *Bull. Soc. Chim. Belg.*, **1988**, *97*, 149.

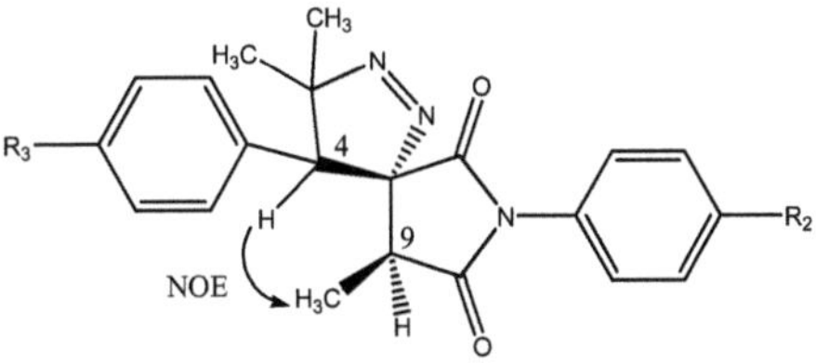

Schéma 40: Corrélation NOESY

e: R_1=H, R_2=H
f: R_1=H, R_2=OCH$_3$
g: R_1=OCH$_3$, R_2=H
h: R_1=OCH$_3$, R_2=OCH$_3$

Tous les composés à jonction spirannique sont formés avec la même stéréosélectivité.

II.4. Réaction effectuée avec les (E)-3-arylidènepyrrolidin-2-ones *8* et les (E)-3-arylidène-N-benzylpyrrolidin-2-ones *9*

A 0°C les dipolarophiles *8* et *9* réagissent lentement avec le 2-diazopropane *11*, le contrôle par chromatographie sur couche mince indique la formation d'un nouveau produit *19(a-f)* (Schéma 41).[19]

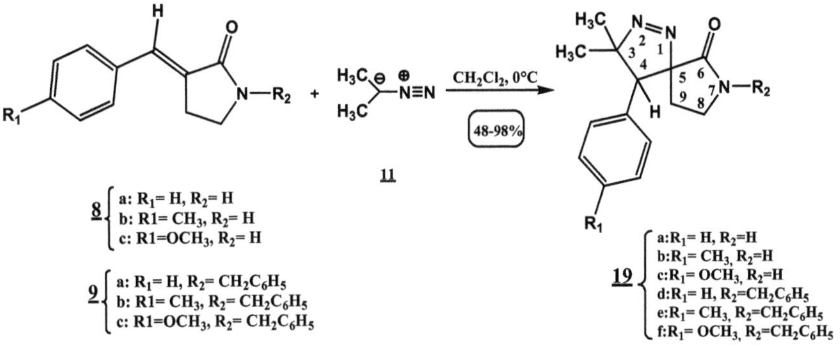

8 :
a: R_1= H, R_2= H
b: R1= CH$_3$, R_2= H
c: R1=OCH$_3$, R_2= H

9 :
a: R_1= H, R_2= CH$_2$C$_6$H$_5$
b: R1= CH$_3$, R_2= CH$_2$C$_6$H$_5$
c: R1=OCH$_3$, R_2= CH$_2$C$_6$H$_5$

19 :
a: R_1=H, R_2=H
b: R_1= CH$_3$, R_2=H
c: R_1= OCH$_3$, R_2=H
d: R_1=H, R_2=CH$_2$C$_6$H$_5$
e: R_1= CH$_3$, R_2=CH$_2$C$_6$H$_5$
f: R_1= OCH$_3$, R_2=CH$_2$C$_6$H$_5$

Schéma 41: Synthèse de spiro-Δ^1-pyrazolines

II.4.1. Etude de la régiochimie

Au cours de cette réaction, il peut théoriquement se former les deux régioisomères *19* et *19'* (Schéma 42).

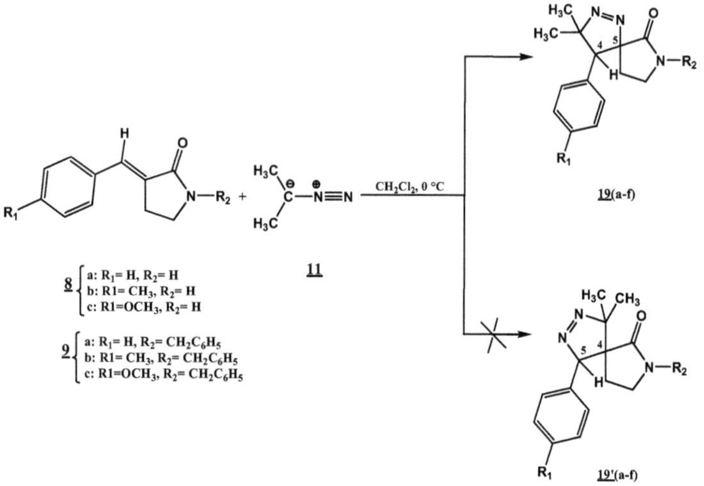

Schéma 42: Régiochimie de la réaction

Afin de confirmer cette hypothèse, nous avons eu recours à une étude spectrale en RMN^{13}C.

Le déplacement chimique du carbone spirannique C_5 établit sans ambiguïté la régiochimie des adduits. En effet, le déplacement chimique du carbone C_5 (94,32 ppm-101,48 ppm) indique qu'il est déblindé à cause de son proximité d'un atome d'azote (Schéma 43).[179,183]

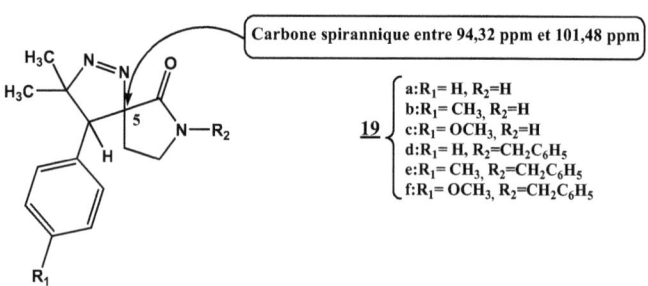

Schéma 43: Régiochimie de l'addition

Notons que tous les (*E*)-3-arylidènepyrrolidin-2-ones **8** et les (*E*)-3-arylidène-*N*-benzylpyrrolidin-2-ones **9** réagissent selon la même orientation régiochimique que les oléfines classiques. En effet, la nature des substituants portés par l'atome d'azote et les groupes phényles des dipolarophiles n'influent nullement sur le sens de l'addition. La cycloaddition dipolaire-1,3 du 2-diazopropane **11** avec les (*E*)-3-arylidènepyrrolidin-2-ones **8** et les (*E*)-3-arylidène-*N*-benzylpyrrolidin-2-ones **9** est une réaction régiospécifique.

III. Evolution des adduits obtenus

III.1. Rappels bibliographiques

La chimie des petits cycles constitue aujourd'hui un grand champ d'application,[153,154,155,156] en particulier, les cyclopropanes et les cyclopropènes constituent une classe de composés intéressants. Ils sont utilisés comme intermédiaires réactionnels ou comme produits de départ de synthèses totales.[157,158]

Une réaction photochimique se produit lorsque le composé organique est susceptible d'absorber la lumière émise par une source de rayonnement. Plusieurs sources de lumière peuvent être utilisées. Les sources les plus courantes sont les lampes à vapeur de mercure qui émettent dans le domaine du visible et une région de l'U.V. La réaction photochimique de Δ^1-pyrazoline est effectuée dans un appareil à irradier muni d'une lampe à vapeur de mercure.

La photolyse des 3,3-diméthylpyrazolénines acylées en position 5 peut conduire aux cyclopropènes cétoniques correspondants par une cyclisation intramoléculaire d'intermédiaires cétovinylcarbéniques. Selon la nature du substituant pyrazoléniques en C_4 le cétovinylcarbène peut se stabiliser par transposition de **Wolff** en vinylcétène, concurrente de la cyclisation intramoléculaire normalement attendue. Le vinylcétène ainsi obtenu peut former, avec la pyrazolénine encore présente dans le milieu réactionnel, l'adduit de **Day** selon une réaction de **Diels-Alder** (Schéma 44).

---

[153] J. Salaün, *J. Top. Curr. Chem.*, **2000**, *207*, 1.
[154] C. Cativiela, D. Diaz-de-Viellgas, *Tetrahedron: Asymmetry*, **2000**, *11*, 645.
[155] J. Salaün, S. Baird, *Curr. Med. Chem.*, **1995**, *2*, 511.
[156] K. Burgess, D. Moyesherman, *Synlett*, **1994**, 575.
[157] F. Gnad, O. Reiser, *Chem. Rev.*, **2003**, *103*, 1603.
[158] A. Varinder, V. Javier, B. Roger, *Org Lett.*, **2001**, *3*, 2785.

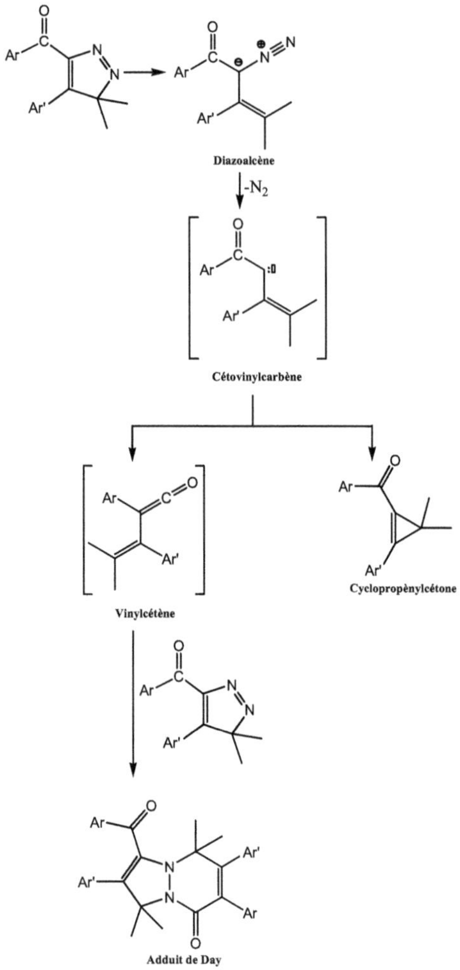

Schéma 44 : Formation de l'adduit de Day

Par ailleurs, la photolyse des Δ^1-pyrazolines fonctionnalisées constitue une voie de synthèse des cyclopropanes.[159,160] La stéréochimie du cyclopropane formé est, en général, celle de l'énone de départ avant la cyclisation avec le diazoalcane.[161,162,163,164,165,166,167,168]

---

[159] Y. Ben Dhia, N. Boukamcha, J. P. Praly, A. Khemiss, *J. Soc. Alger. Chim.*, **2005**, *15*, 263.
[160] Y. Ben Dhia, N. Boukamcha, A. Khemiss, *J. Soc. Alger. Chim.*, **2003**, *13*, 85.
[161] E. Muray, O. Illa, J. Castillo, Á. Larena, J. Bourdelande, V. Branchadell, R. Ortuno, *J. Org. Chem.*, **2003**, *68*, 4906.
[162] D. Little, *Chem. Rev.*, **1996**, *96*, 93.
[163] P. Engel. *Chem. Rev.*, **1980**, *80*, 99.

Récemment, beaucoup de travaux ont porté sur les méthodes de synthèse des acides aminiques qui contiennent des cycles de type cyclopropane, à cause de la grande importance de ces structures dans des processus biologiques.[169] Citons comme exemple le cas des β-cyclopropylalanines antagonistes aux bactéries *E. coli* ATTC 9723[170] et inhibiteurs de la germination sporulée du *Pyricularia oryzae Cav* qui cause la maladie du souffle du riz.[171,172]

Les travaux réalisés dans notre laboratoire se sont toujours axés sur des réactions de photochimie.[173,174,175] Cet aperçus bibliographique montre bien l'intérêt de chimiste envers les cyclopropanes et les cyclopropènes.

Notre intérêt continue pour ces petits cycles; nous avons étudié l'évolution photochimique des pyrazolines et des pyrazolénines synthétisés.

III.2. Synthèse de cyclopropènes *21a* et *21b*

L'évolution photochimique des pyrazolénines acylées constitue une voie d'accès élégante aux cyclopropènes *gem*-diméthylés.[176,177]

Dans ce but, nous nous sommes intéressés à l'oxydation des Δ^2-pyrazolines[178] pour obtenir les pyrazolénines précurseurs de cyclopropènes. L'oxydation douce des Δ^2-pyrazolines *16a* et *16b* avec MnO_2 en suspension dans le chlorure de méthylène, a donné avec de bons rendements les pyrazolénines *20a* et *20b*. La photolyse des pyrazolénines *20a* et *20b*, en solution dans le chlorure de méthylène fraîchement distillé sur P_2O_5, s'accompagne d'un dégagement stœchiométrique d'azote.

Le contrôle de cette réaction par chromatographie sur couche mince (CCM) montre l'obtention, de façon propre et univoque, des nouveaux produits *21a* et *21b* moins polaires que les adduits *20a* et *20b* (Schéma 45).

---

[164] A. Brandi, A. Goti, *Chem. Rev.*, **1998**, *98*, 589.
[165] M. Trost, *Angew. Chem., Int. Ed.*, **1986**, *25*, 1.
[166] H. Quast, H. Jakobi, *Chem. Ber.*, **1991**, *124*, 1619.
[167] H. Quast, *Chem. Ber.*, **1991**, *124*, 1613.
[168] M. kindermann, R. Poppek, P. Rademacher, A. Fuss, H. Quast, *Chem. Rev.*, **1990**, *123*, 1161.
[169] J. Rajendra, V. John, *Org Lett.*, **2003**, *5*, 4669.
[170] S. Meek, W. Rowe, *J. Am. Chem. Soc.*, **1955**, *77*, 6675.
[171] T. Ohta, S. Nakajima, Z. Sato, T. Aoki, S. Hatanaka, S. Nozoe, *Chem. Lett.*, **1986**, *5*, 11.
[172] C. Hamon, J. Rawlings, *Synth. Commun.*, **1996**, *26*, 1109.
[173] A. Khemiss, M. F-Neumann, *J. Soc. Chim, Tun.*, **1986**, *2*, 3.
[174] A. Khemiss, M. F-Neumann, *J. Soc. Chim, Tun.*, **1994**, *3*, 435.
[175] N. Boukamcha, M-T. Martin, A. Khemiss, *J. Soc. Chim. Tun.*, **1999**, *6*, 475.
[176] J. Lachheb, M. T. Martin, A. Khemiss, *J. Soc. Alger. Chim.*, **2000**, *10*, 61.
[177] H. Hammami, Y. Ben. Dhia, A. Khemiss, *J. Soc, Chim, Tun.*, **2002**, *4*, 1539.
[178] M. Askri, N. Ben Hamadi, M. Msaddek, M. E. Rammeh, *J. Soc. Chim. Tun.*, **2006**, *8*, 219.

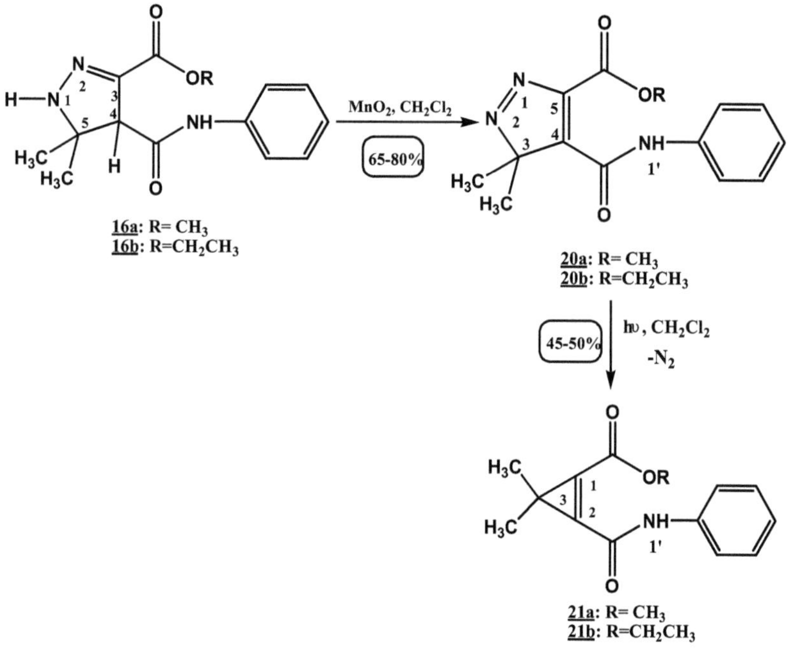

Schéma 45: *Synthèse des cyclopropènes*

Les structures des cyclopropènes **21a** et **21b** ont été établies sans ambiguïté par RMN^{1}H et RMN^{13}C. En effet, la valeur blindé du déplacement chimique du carbone C$_3$ (30,90-31,80 ppm) indique qu'il ne se trouve pas en α de l'azote, ce qui confirme le départ d'une molécule d'azote lors de la photolyse des pyrazolénines **20a** et **20b** et la formation des cyclopropènes **21a** et **21b**.

III.3. Synthèse des cyclopropanes 22(a-f)

La photolyse des Δ^1-pyrazolines **17(a-f)** en solution dans le dichlorométhane préalablement distillé sur P$_2$O$_5$, s'accompagne d'un dégagement d'azote. Le contrôle de l'évolution photochimique par chromatographie sur couche mince CCM a montré l'obtention de nouveaux produits moins polaires **22(a-f)** (Schéma 46).

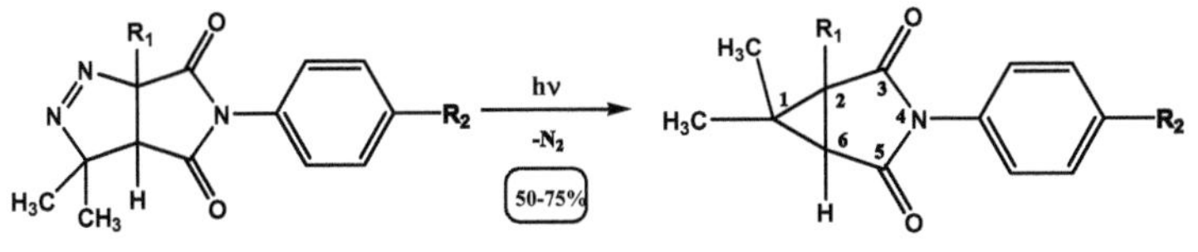

17(a-f)

22:
- a: R_1= H, R_2= H
- b: R_1= H, R_2= OCH_3
- c: R_1= H, R_2= NO_2
- d: R_1= CH_3, R_2= H
- e: R_1= CH_3, R_2= OCH_3
- f: R_1= CH_3, R_2= NO_2

Schéma 46: Synthèse des cyclopropanes

III.4. Synthèse de spiro-cyclopropanes 23(a-d)

On irradie les spiro-Δ^1-pyrazolines ***18(a-d)***, en solution dans l'éther éthylique, par une lampe de mercure à haute pression Philips HPK-125 (Schéma 47).

Une CCM [silice, éluant: hexane-acétate d'éthyle (80:20)] réalisée sur le brut réactionnel montre la formation des nouveaux produits ***23(a-d)*** et qui sont moins polaires.[179,179]

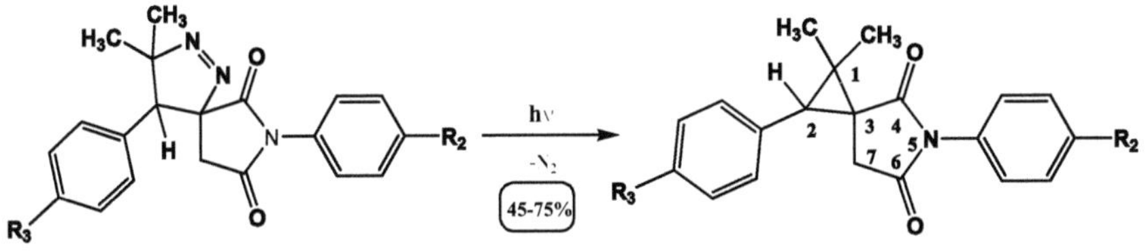

18(a-d)

23:
- a: R_2=H, R_3=H
- b: R_2=H, R_3=OCH_3
- c: R_2=OCH_3, R_3=H
- d: R_2=OCH_3, R_3=OCH_3

Schéma 47: Synthèse de spiro-cyclopropanes

IV. Cycloaddition du diphényldiazométhane sur les 1H-pyrrole-2,5-diones *N*-substitués

Des travaux concernant la cycloaddition 1,3-dipolaire du 2-diazopropane et des arylnitriloxydes sur des 1H-pyrrole-2,5-diones *N*-substitués ont été réalisés dans notre laboratoire.[176,177] Dans le but d'étendre notre étude comparative, en ce qui concerne la réactivité des dipôles envers les 1H-pyrrole-2,5-diones *N*-substitués, nous avons étudié dans cette partie le comportement du diphényldiazométhane vis-à-vis de plusieurs pyrrole-2,5-diones.

[179] R. Gharbi, J. Lachheb, M. T. Martin, Z. Mighri, A. Khemiss, *J. Soc. Chim. Tun.*, **1998**, *4*, 245.

La cycloaddition 1,3-dipolaire du diphényldiazométhane[180] avec les 1H-pyrrole-2,5-diones *N*-substitués ***24(a-d)*** dans le dichlorométhane conduit aux cycloadduits uniques ***25(a-d)*** (Schéma 48).[19]

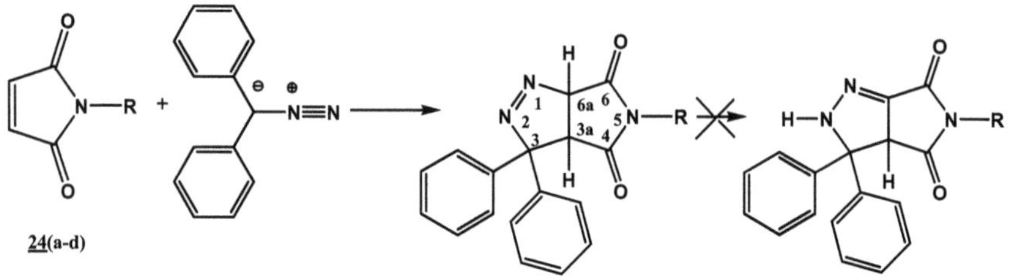

24(a-d)

25'(a-d)

25 { a: R = CH_3 ; b: R = C_6H_5 ; c: R = p-$CH_3OC_6H_4$; d: R = p-$NO_2C_6H_4$

Schéma 48: Synthèse des pyrazolines gem-diphénylés

Les conditions de réaction ainsi que les rendements optimisés sont rassemblés dans le tableau **III** qui suit.

Tableau III: Réactions de cycloaddition du diphényldiazométhane avec les 1H-pyrrole-2,5-diones *N*-substitués

Produits	Durée/min	T°C*	Solvant	Rendement%
25a	30	40	AcOEt	70
25b	30	40	AcOEt	60
25c	60	40	AcOEt	80
25d	120	25	CH_2Cl_2	50

* solvant de recristallisation : éthanol

Les 1H-pyrrole-2,5-diones *N*-substitués ***24(a-c)*** réagissent avec le diphényldiazométhane dans l'acétate d'éthyle à 40 °C pour conduire à la formation des cycloadduits ***25(a-c)***.

Pour le cycloadduit ***25d***, nous avons jugé préférable d'utiliser le chlorure de méthylène comme solvant à une température de 25 °C.

Ces Δ^1-pyrazolines stables ***25(a-d)***, n'ont pas évolué par prototropie vers les isomères Δ^2-pyrazolines ***25'(a-d)*** normalement attendus.[174] En effet, l'hydrogène H_{6a} en α du carbonyle lactamique n'est pas assez labile pour migrer sur l'atome d'azote.

[180] G. Guillerm, A. L'Honoré, L. Veniard, G. Pourcelot, J. Benaim, *Bull. Soc. Chim. Fr.*, **1973**, 2739.

V. Synthèse des cyclopropanes *gem*-diphénylés *26(a-d)*

La synthèse des cyclopropanes *gem*-diphénylés est réalisée par deux méthodes (Schéma 49):

La première méthode consiste à réaliser la thermolyse des pyrazolines *25(a-d)*[181] par chauffage en solution dans l'acétate d'éthyle au reflux durant 15 minutes ce qui entraîne la perte d'une mole d'azote (Méthode **A**).

La deuxième méthode correspond à la photolyse des Δ^1-pyrazolines *25(a-d)* dans le chlorure de méthylène, distillé au préalable sur P_2O_5 et conduit de façon propre et rapide à la formation des cyclopropanes escomptés *26(a-d)* avec un dégagement d'azote (Méthode **B**).[182]

a: R = CH_3
b: R = C_6H_5
c: R = p-$CH_3OC_6H_4$
d: R = p-$NO_2C_6H_4$

Schéma 49: Synthèse de cyclopropanes

Les rendements des réactions de synthèse des cyclopropanes *26(a-d)* selon les deux méthodes utilisées, résumés dans le tableau **IV**, montre que la méthode photochimique donne des rendements meilleurs que la méthode de thermolyse.

Tableau IV: Rendements des réactions de synthèse des cyclopropanes *26(a-d)*

Cyclopropanes	Rdt % (Méthode A)	Rdt % (Méthode B)
26a	30	50
26b	60	75
26c	70	80
26d	45	60

---

[181] A. González-Nogal, M. Calle, P. Cuadrado, R. Valero, *Tetrahedron*, **2007**, *63*, 224.
[182] J. Lachheb, M. T. Martin, A. Khemiss, *Tetrahedron Lett.*, **1999**, *40*, 9029.

Notons que la comparaison des spectres de RMN^{1}H des Δ^1-pyrazolines **_25(a-d)_** et des cyclopropanes **_26(a-d)_**, a montré la disparition des deux doublets relatifs aux protons H$_{3a}$ et H$_{6a}$ et l'apparition d'un singulet d'intégration deux protons correspondant aux protons H$_1$ et H$_5$.

Les structures des cyclopropanes **_26(a-d)_** ont été établies sans ambiguïté par RMN ^{13}C en découplage total du proton. En effet, le déplacement chimique blindé du carbone C$_1$ (50,11-51,27 ppm) indique qu'il ne se trouve pas en α de l'azote, ce qui confirme le départ d'une molécule d'azote lors de la photolyse ou de la thermolyse des pyrazolines **_25(a-d)_** et la formation des cyclopropanes **_26(a-d)_**.

VI. Synthèse des analogues **_28(a-f)_** de l'acide cyclopropane-1-carboxylique

Il s'est avéré également que des composés ayant une structure analogue à l'acide cyclopropane-1-carboxylique tels que l'acide cyclopropane-1,1-dicarboxylique et l'acide trans-2-phénylcyclopropane-1-carboxylique possèdent un effet inhibiteur des hormones de maturation.[29]

Dans le but d'étendre cette étude, nous avons synthétisé dans cette partie des analogues de l'acide cyclopropane-1-carboxylique.

L'anhydride maléique réagit rapidement avec le diphényldiazométhane à 40°C dans l'acétate d'éthyle pour donner exclusivement le composé **_27_**. La décoloration de la solution étant presque instantanée. Le cycle lactonique de ce dernier s'ouvre en présence d'amines primaires à 25°C dans l'éther éthylique et conduit aux cyclopropanes 1,2-difonctionnalisés **_28(a-e)_** (Schéma 50).[19]

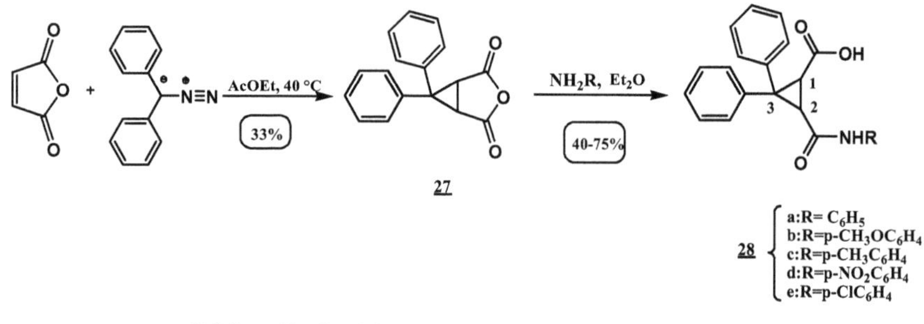

Schéma 50: Synthèse de cyclopropanes gem-diphénylés

VII. Conclusion

En conclusion, nous avons décrit dans ce chapitre la synthèse en deux étapes de nouvelles structures cyclopropaniques et cyclopropéniques:

Les Δ^1-pyrazolines, les Δ^2-pyrazolines et les spiro-Δ^1-pyrazolines formées sont stables.

L'oxydation des Δ^2-pyrazolines est rapide et satisfaisante pour tous les adduits. La photolyse des pyrazolénines et des Δ^1-pyrazolines s'est accompagnée dans tous les cas du départ d'une molécule de diazote et de la formation des dérivés cyclopropènes et des dérivés cyclopropanes.

Les réactions de photochimie des Δ^1-pyrazolines conduisent à des résultats meilleurs en rendements et en pureté par comparaison à la méthode classique de thermolyse.

La réaction de cycloaddition du 2-diazopropane avec les arylidèneméthyl-N-arylsuccinimides est stéréospécifique.

La réaction de cycloaddition des diazoalcanes avec les diverses dipolarophiles est régiospécifique.

Le 2-diazopropane est plus réactif que le diphényldiazométhane vis-à-vis des N-arylmaléimides.

CONCLUSION

Nous pensons pouvoir résumer les principaux résultats de ce travail de la manière suivante:

La première partie a été consacrée à la synthèse des produits de base à savoir: les dérivés du 1H-pyrrole-2,5-dione **4**, les arylidène-*N*-arylpyrrolidine-2,5-diones **7**, les arylidène-*N*-aryl-4-méthylpyrrolidine-2,5-diones **7'**, les arylidènepyrrolidin-2-ones (**8** et **9**), les arylnitriloxydes **13** et les diazoalcanes (**11** et **12**).

Dans la deuxième partie, nous avons étudié la réaction de cycloaddition 1,3-dipolaire du 2-diazopropane avec:

- Les dérivés du 1H-pyrrole-2,5-dione. Cette réaction est régiospécifique et conduit à des cycloadduits de type hexahydropyrrolo[3,4-c]pyrazole **17**.

- Les arylidène-*N*-arylpyrrolidine-2,5-diones. Cette réaction est régiospécifique et conduit à des cycloadduits spiranniques du type triazaspiro[4.4]non-1-ène-6,8-dione **18**.

- Les arylidène-*N*-aryl-4-méthylpyrrolidine-2,5-diones. Cette réaction est à la fois régiospécifique et diastéréospécifique. Cette sélectivité a été établie suite à une étude spectrale bien détaillée qui démontre que l'approche du dipôle s'est effectuée sur la face la moins encombrée c'est-à-dire en *anti* par rapport au groupe méthyle.

- Les (*E*)-3-arylidènepyrrolidin-2-ones. Cette réaction est régiospécifique et conduit à des cycloadduits spiranniques du type spiro-Δ^1-pyrazolines **19**.

Nous avons testé par la suite la réactivité des 1H-pyrrole-2,5-diones *N*-substitués avec le diphényldiazométhane. Cette réaction conduit à des cycloadduits du type Δ^1-pyrazolines *gem*-diphénylés **25**.

L'évolution photochimique des Δ^1-pyrazolines et des Δ^2-pyrazolines obtenues conduit à la formation des cyclopropanes et des cyclopropènes correspondants.

I want morebooks!

Buy your books fast and straightforward online - at one of the world's fastest growing online book stores! Environmentally sound due to Print-on-Demand technologies.

Buy your books online at

www.get-morebooks.com

Achetez vos livres en ligne, vite et bien, sur l'une des librairies en ligne les plus performantes au monde!
En protégeant nos ressources et notre environnement grâce à l'impression à la demande.

La librairie en ligne pour acheter plus vite
www.morebooks.fr

OmniScriptum Marketing DEU GmbH
Heinrich-Böcking-Str. 6-8
D - 66121 Saarbrücken
Telefax: +49 681 93 81 567-9

info@omniscriptum.com
www.omniscriptum.com

Printed by Books on Demand GmbH, Norderstedt / Germany